________________ 님의 소중한 미래를 위해

이 책을 드립니다.

하마터면 완벽한 엄마가
되려고 노력할 뻔했다

♥ 나를 힘들게 하는 좋은 엄마 콤플렉스 ♥

하마터면 완벽한 엄마가 되려고 노력할 뻔했다

• 윤옥희 지음 •

메이트북스

메이트북스 우리는 책이 독자를 위한 것임을 잊지 않는다.
우리는 독자의 꿈을 사랑하고,
그 꿈이 실현될 수 있는 도구를 세상에 내놓는다.

하마터면 완벽한 엄마가 되려고 노력할 뻔했다

초판 1쇄 발행 2019년 3월 5일 | **초판 2쇄 발행** 2019년 7월 1일 | **지은이** 윤옥희
펴낸곳 ㈜원앤원콘텐츠그룹 | **펴낸이** 강현규 · 정영훈
책임편집 안정연 | **디자인** 최정아
마케팅 이기은 · 김윤성 | **홍보** 이선미 · 정채훈 · 정선호
등록번호 제301-2006-001호 | **등록일자** 2013년 5월 24일
주소 04778 서울시 성동구 뚝섬로1길 25 서울숲 한라에코밸리 303호 | **전화** (02)2234-7117
팩스 (02)2234-1086 | **홈페이지** www.matebooks.co.kr | **이메일** khg0109@hanmail.net
값 15,000원 | ISBN 979-11-6002-213-1 13590

이 도서의 국립중앙도서관 출판시도서목록(CIP)은 e-CIP홈페이지(http://www.nl.go.kr/ecip)에서 이용하실 수 있습니다.(CIP제어번호 : CIP2019005054)

완벽함이란 더이상 추가할 것이 없을 때 이루어지는 것이 아니라
더이상 덜어낼 것이 없을 때 이루어지는 것이다.

• 앙투안 생텍쥐페리(『어린왕자』 작가) •

지은이의 말

완벽한 엄마가 아닌 충분히 좋은 엄마가 되자

강연을 할 때 만났던 한 엄마는 엄마살이가 너무 버거워 눈물을 쏟았다. "살림이든 육아든 뭐 하나 제대로 못하는 것 같아 무기력하게 느껴져요. 너무 힘들어 어디론가 떠나고 싶을 때도 있어요. 그런데 그런 마음이 들 때마다 제가 너무 나쁜 엄마 같아 괴로워요." 그러면서 물었다. "저는 좋은 엄마가 될 수 없겠죠?"

아이를 사랑하기에 더 잘하려 애쓰고 좋은 엄마가 되고 싶지만 너무 잘하려는 마음이 스스로를 힘들게 한다. 삶의 공간이 점점 더 '해내야 할 일'과 '잘 해야만 하는 일'로만 채워지기 때문이다. "오늘 하기로 한 일은 다 끝내야지." "나 때문에 애가 고생하면 안 되지. 더 잘하자." 무엇이든 완벽하게 잘하려는 마음 때문에 마음의 여유는 줄어들고 더 많은 것을 해주려는 생각으로 쉴 틈 없이 움직이다 보면, 엄마의 시간은 어느새 아이의 시간으로 꽉꽉 채워져버린다.

그뿐인가. 감정의 공간도 점점 사라진다. 화가 나도 참고, 부정적인 감정이다 싶으면 꾹꾹 눌러 담는 엄마들도 많다. 아이에게 아주 작은 상처라도 주고 싶지 않고 아이를 위해서라면 무엇이든 희생해야만 좋은 엄마, 착한 엄마라 믿기 때문이다. 하지만 그러다 켜켜이 쌓인 감정들이 화산처럼 격렬하게 터져 나오고, 그런 뒤에는 "나는 나쁜 엄마야", 이런 후회와 자책이 덩그러니 남아 엄마를 아프게 한다.

그러나 잊지 말자. 우리는 이미 충분히 좋은 엄마라는 사실을! 몸이 찢어지는 고통의 강을 건너 한 생명을 세상에 나오게 한 그 경험만으로도 이미 인정받았다는 사실을!

엄마인 자신의 모습이 부족해 보이고 실수투성이라도 '오늘의 나'를 사랑하고 아낄 수 있는 사람이 되자. 좋은 엄마가 되고 나서야 나를 인정하게 되는 것이 아니라 지금의 내 모습 그대로를 인정하고 존중하고 아낄 때, 자신을 진정으로 사랑할 수 있다.

엄마가 자신을 돌보는 것은 절대 이기적인 것이 아니다. 엄마가 자신을 돌볼수록 오히려 아이와 더 자주 눈을 마주치고 더 많이 웃을 수 있다. 생각해보자. 엄마가 자신의 마음에 긍정적인 에너지를 채울수록 엄마의 활력 넘치는 모습이 아이에게도 긍정적인 기운이 되어 전해진다. 엄마의 밝은 표정과 웃음소리에 아이의 마음도 따뜻해진다.

내가 강연을 하거나 글을 쓸 때 가장 힘주어 전하는 메시지는 바로 이것이다. "엄마가 행복해야 아이도 행복합니다." "엄마가 자신의 삶을 잘 돌보면 아이도 스스로를 사랑하는 법을 배웁니다."

나도 좋은 엄마가 되려고 안간힘을 썼던 시절이 있었다. 하지만 실수하거나 부족할 때마다 '뭐 금방 엄마 노릇을 잘할 수 있나'라는 긍정적인 마음을 가지려 노력했다. 엄마도 자라는 중이다. 아이가 한 살이면 엄마도 한 살, 아이가 10살이 되면 엄마도 10살이 된다.

나도 "이만하면 충분히 좋은 엄마지!" 이런 마음을 갖게 되니 마음에 여유가 찾아왔고 웃음이 많아졌다. 너무 힘들어서 숨이 차면 쉬어갔고, 무거우면 내려놓았고, 기준이 너무 높으면 내 눈높이에 시선을 맞춰 편안하게 바라볼 수 있는 법을 배웠다.

아이를 잘 키우고 있다고 느끼는 것을 '양육효능감'이라고 한다. 내 안에 답이 있다는 생각을 가지고 자신이 처한 상황에서 자신감을 갖고 아이를 키울 수 있는 긍정적인 마음을 말한다. 이런 자신감이 있다면, 엄마 노릇이 힘들어도 쉽게 좌절하지 않고 아이와 문제가 생겨도 비교적 잘 해결할 수 있다고 한다.

아이에게 따뜻하고 긍정적인 태도로 대할 수 있으니 자연스럽게 양육 스트레스도 낮아질 수 있다. 결국 '이 정도면 잘 키우는 거야!' '난 충분히 좋은 엄마야'라고 믿으면 육아의 자신감이 높아져 부모의 성장판을 즐겁게 키울 수 있다.

1장에서는 '완벽한 엄마가 되려는 마음이 엄마를 힘들게 한다'는 메시지를 전했다. 2장에서는 '너무 착한 엄마로만 살지 말자'는 이야기를, 3장에서는 엄마가 힘을 덜 들이면서도 자신의 상황에 맞춰 유연한 육아 방식을 찾을 수 있도록 '육아에서 힘 빼기'에 대한 이야기했다. 4장에서는 아이와 심리적 안전거리를 두면서 친밀해질 수 있는 '관계의 기술'을 소개했다. 5장에서는 화내고 후회를 반복하는 엄마들을 위해 '감정사용설명서'에 대해 설명했다. 감정의 주인이 될 수 있는 법과 함께 스스로를 존중하고 아끼고 사랑할 수 있는 자존감 회복 훈련법도 담았다. 6장에서는 어렵지 않게 실천할 수 있는 7가지 행복습관을 소개했다.

무엇을 하든, 어떤 모습이든 엄마들은 별처럼 반짝이는 존재들이다. 아이들의 눈빛 속에서 이미 엄마가 얼마나 아름답게 빛나고 있는지 잊지 않았으면 하는 마음을 담았다. 아이들에게 엄마는 생명처럼 소중한 존재다. 엄마는 자신이 얼마나 귀한 존재인지 기억해야 한다.

'착한 엄마'의 틀 속에 갇히다 보면 정작 자신을 사랑하고 돌보기 힘들다. 조금은 뻔뻔해져야 '진짜 나'를 만날 수 있다. 가족을 사랑하는 데만 시간을 써왔다면 이제는 자신을 사랑해야 할 시간이다.

"엄마가 하는 일들도 다 중요해"라고 응원해주며 밝고 개성 넘치는 아이들로 자라고 있는 혜준, 혜윤에게 고마움을 전한다. 육아의 고수로 거듭나며 행복한 엄마이자 아내로, 또 한 사람으로 성장해나갈 수 있도록 지켜봐주는 남편, 도성혁에게도 감사한 마음을 전한다.

윤옥희

'하마터면 더 좋은 엄마가 되기 위해 노력할 뻔했던' 엄마들이
덜 애쓰면서도 더 행복할 수 있는 길을 찾았으면 하는 마음이다.
기억하자. 엄마가 행복해야 아이도 행복하다.

차례

006 — 지은이의 말 • 완벽한 엄마가 아닌 충분히 좋은 엄마가 되자
016 —『하마터면 완벽한 엄마가 되려고 노력할 뻔했다』 저자 심층 인터뷰

1장 • 완벽한 엄마란 원래 없다

027 — 왜 세상은 완벽한 엄마를 원할까?
033 — 엄마와 나, 육아 감정 사이에서 길을 잃다
038 — 24시간 풀타임, '엄마'라는 극한직업
044 — 아이뿐만 아니라 엄마도 자라는 중이다
050 — 충분히 좋은 엄마라는 믿음이 주는 기적
055 — 혹시 육아중독 아니신가요?

2장 • 착한 엄마만 무작정 꿈꾸지 말자

063 — 인정받고 싶은 욕구가 착한 엄마를 만든다
068 — 우울한 엄마보다 게으른 엄마가 낫다

074 — 다 해주는 엄마가 아이를 망친다
080 — 빈틈 많은 엄마가 때로는 아이에게 성장의 기회를 준다
086 — 아이가 해야 할 숙제를 엄마가 해줄 때 생기는 일들
091 — 착한 아이로만 키우려 하지 말자

3장 · 육아에서 힘을 빼면 생기는 일들

101 — 버릴 줄 아는 엄마가 행복한 아이로 키운다
106 — 내 방식대로 육아, 의외로 편안함을 준다
112 — 나도 바꾸기 힘든 내 성격! 아이도 억지로 바꾸려 하지 말자
117 — 남의 기준에 아이를 애써 맞추려 하지 말자
123 — 지금 하지 않아도 될 일은 나중으로 미루자
129 — 있는 그대로의 엄마 모습을 아이도 받아들일 수 있다면
134 — 희생하지 않아야 진짜 행복이 보인다
140 — 내가 다 짊어져야 한다는 생각에서 벗어나자
146 — 운명의 다리는 결국 아이 스스로 건넌다는 것을 잊지 말자

4장 · 관계의 짐을 덜어내는 것이 무엇보다 중요하다

155 — 사랑일까, 억압일까? 아이에 대한 집착 버리기

160 — 아이와 조금 멀어질수록 더 가까워지는 거리두기의 미학

165 — 주변 사람들에게 친절한 엄마가 아이를 힘들게 한다

170 — 현명하게 거절하는 법을 아는 것이 힘이다

175 — 지금이 아니라도 떠날 사람은 떠난다

181 — 관계를 망치는 잘못된 조언 3가지

5장 · 엄마라면 꼭 알아야 할 감정사용설명서

191 — 무조건 괜찮다고 하지 말자

196 — 아이에 대한 불안과 걱정에서 벗어나기

202 — 엄마가 되고 난 뒤 결정장애가 생겼다면?

208 — 분노를 멈추는 비상버튼 찾는 법을 배우자

214 — 상처 주는 습관, 어떻게 하면 버릴 수 있을까?

219 — 비난의 말은 부메랑처럼 나에게 다시 돌아온다

225 — 마음을 다스리는 주문, '이 또한 지나가리라'

231 — 무엇보다 엄마의 자존감 회복 훈련이 필요하다

6장 · 충분히 좋은 엄마의 행복습관 7가지

241 — 행복습관 1 시작은 언제나 옳다! 나를 만드는 습관 찾기
247 — 행복습관 2 다시 일어서는 따뜻한 힘, 자기위로를 건네기
253 — 행복습관 3 믿는 대로 이루어진다! 생각습관 바꾸기
258 — 행복습관 4 타인의 시선에서 자유로워지기
263 — 행복습관 5 일상에 의미 부여하는 법, 소소하고 확실한 행복 찾기
268 — 행복습관 6 내 안의 열정을 찾는 꿈의 목록, 버킷리스트
274 — 행복습관 7 긍정적인 마음을 키워주는 감사의 습관

『하마터면 완벽한 엄마가 되려고 노력할 뻔했다』 저자 심층 인터뷰

'저자 심층 인터뷰'는 이 책의 심층적 이해를 돕기 위해
편집자가 질문하고 저자가 답하는 형식으로 구성한 것입니다.

Q. 『하마터면 완벽한 엄마가 되려고 노력할 뻔했다』를 소개해주시고, 이 책을 통해 독자들에게 전하고 싶은 메시지가 무엇인지 말씀해주세요.

A. '엄마가 되면서 제 삶이 사라진 것 같아요'라는 고민을 많이 합니다. 엄마의 삶이 '해내야 할 일'과 '잘 해야만 하는 일'들로 채워져 있다고 생각하기 때문인데요. '엄마'라는 이름이 편안한 옷처럼 느껴지려면 익숙해질 시간과 경험 모두 필요합니다.

하지만 '좋은 엄마 학교의 모범생'으로만 살아가려 애쓰다 보니 엄마라는 역할을 즐길 겨를이 없습니다. 자신의 삶을 아끼고 사랑하는 법도 자꾸만 잊게 됩니다. 그러니 이 말을 꼭 기억했으면 좋겠습니다. "엄마가 자신의 삶을 잘 돌보면 아이도 스스로를 사랑하는 법을 배웁니다." "엄마가 행복해야 아이도 행복합니다."

Q. 완벽한 엄마는 원래 없다고 하셨습니다. 그럼에도 불구하고 완벽한 엄마라는 강박에서 벗어나기 힘든 독자들을 위해 해주고 싶은 말씀이 무엇인지 궁금합니다.

A. '완벽한 엄마'는 없습니다. 따라서 완벽한 엄마가 되려고 애쓰는 마음은 우리를 힘들게만 할 뿐입니다. 아이를 잘 키워 인정받고 싶다 보니 주변 사람들과 끝없이 비교하게 되고, 몸이 부서져라 아이를 챙겨야만 '좋은 엄마'라고 여기니 엄마의 삶에 쉼표가 사라진 지 오래입니다.
하지만 무엇을 하든 어떤 모습이든 언제나 그 자리에서 '별'처럼 반짝이는 존재들이 엄마입니다. 온몸이 찢어지는 고통의 강을 건너 한 생명을 세상에 나오게 한 그 경험만으로도 엄마는 이미 인정받은 존재입니다. 엄마를 바라보는 아이들의 눈빛 속에서 엄마가 얼마나 아름답게 빛나고 있는지 느낄 수 있길 바랍니다.

Q. '양육효능감'이 높아야 아이를 잘 키울 수 있다고 하셨습니다. '양육효능감'이 무엇인지 구체적으로 설명 부탁드립니다.

A. '양육효능감'이란 내가 '아이를 잘 키우고 있다고 믿는 것'을 말합니다. '내 안에 답이 있다고 생각하면서 양육에 대한 자신감을 가지는 것'이기도 합니다. 양육효능감이 높으면 엄마 노릇이 힘들어도 쉽게 좌절하지 않고 아이와 문제가 생겨도 비교적 잘 해결할 수 있습니다. 아이에게 따뜻하고 긍정적인 태도를 취할 수 있게 되니 자연스럽게 양육 스트레스가 낮아질 뿐만 아니라 아이의 정서지능과 자기조절력도 높아집니다.

누구나 인정하는 좋은 엄마가 아니라 '나, 이 정도면 충분히 좋은 엄마지'라는 여유로운 마음과 자신감이 엄마뿐만 아니라 아이도 행복하게 한다는 사실을 기억하기 바랍니다.

Q. '육아중독'에 빠져 있는 독자들이 스스로를 점검하는 방법과 육아중독에서 벗어날 수 있는 방법은 무엇인지 설명 부탁드립니다.

A. '중독'이라고 말할 정도로 육아에 몰입하는 엄마들이 많습니다. 엄마의 하루가, 엄마의 인생이 온통 아이를 위해서만 소진되고 있나요? 아이만 생각하고, 아이의 삶을 통해서만 인생에 의미가 있다고 느끼고 있나요?

육아에 중독된 것 같은 날들이 이어지고 있다면 아이를 더 사랑하겠다는 마음을 이제 자신에게로도 돌려볼 시간입니다. 혼자만의 시간을 가지면서 아이와 나는 다르다는 생각을 떠올려보세요. 자신의 삶에서 보람을 느낄 수 있는 일을 찾아보면서 '나를 사랑하는 연습'을 시작해보세요.

Q. 육아에서 힘을 빼라고 하셨습니다. 육아에서 힘을 뺄 수 있는 방법이 무엇인지 설명 부탁드립니다.

A. '과잉기대'를 받는 아이들은 부모의 평가가 삶의 목표가 되어버립니다. 이런 아이는 도전과 성취의 즐거움을 잃기 쉽습니다. 아이를 완벽하게 잘 키우겠다는 마음 때문에 엄마 노릇이 너무 힘든 일상이 되어버렸다면 육아에서 조금은 힘을 빼보는 것이 좋겠습니다. 육아에서 완벽하자는 마음을 내려놓고 아이에게 '이것은 꼭 해줘야 해'라고 생각했던 것들을 조금씩 줄여보는 거죠.

아이 인생의 운전대를 엄마가 잡고 있지는 않은지 되돌아볼 필요가 있습니다. 엄마가 조금씩 물러설수록 아이는 앞으로 나아갈 수 있는 방법을 배우게 됩니다. '과잉보호'와 '억압'에서 벗어나 엄마의 믿음과 사랑 안에서 스스로의 힘으로 선택하고 도전하며 실패를 겪어본 아이가 삶의 거친 풍파에도 크게 흔들리지 않는 사람으로 성장할 수 있습니다.

Q. 아이에 대한 집착을 버리는 일이 쉽지만은 않습니다. 독자들에게 조언 부탁드립니다.

A. 과도한 집착은 사랑이 아닙니다. '억압'과 '통제'일 뿐입니다. 엄마는 아이라는 우주에서 벗어나지 못하고 아이는 엄마라는 세상 안에 갇혀 있게 되니, 엄마도 아이도 모두 힘들기만 합니다. 다른 사람의 세상을 살아가는 사람은 '나'라는 세계를 만나지 못합니다. 서로의 건강한 관계를 유지시켜줄 심리적 안전거리를 유지하는 것이 중요합니다. 아이에게도 '자신의 삶'이 있다는 것을 이해하고 존중해주는 것이 필요합니다.

Q. 나를 상처 주는 습관이 엄마뿐만 아니라 아이도 힘들게 한다고 하셨습니다. 어떻게 하면 과거의 상처로부터 벗어날 수 있는지 설명 부탁드립니다.

A. 어떤 경험에 대한 생각이나 신념이 그 사람의 기분이나 행동에 영향을 미치게 됩니다. "난 나쁜 엄마야"라며 자기비하를 반복하다 보면 부정적인 생각이 습관이 될 수도 있습니다. 그 힘든 마음이 엄마의 눈과 귀를 가리면 아이가 하는 말과 행동에도 민감하게 반응하기 힘들 수밖에 없겠죠.
웃음기가 사라진 엄마의 모습을 보는 아이의 마음은 어떨까요? 과거에 얽매이지 말고 자신에게 실수할 자유를 허락하며 다독여주세요. 자기비난을 멈추고 자기공감을 잘하면 잘할수록 눈앞에서 미소를 짓고 있는 아이를 발견하게 될 겁니다.

Q. 자존감이 낮은 엄마가 아이에게 의지를 많이 한다고 하셨습니다. 자존감이 낮은 엄마의 특징은 무엇인지 설명 부탁드립니다.

A. 자존감은 '자신을 존중하고 사랑하는 마음'입니다. 그러므로 자존감이 낮을수록 다른 사람의 인생에 의지하거나 매달리기 쉽습니다. 현재의 내 모습을 사랑하지 못하고 만족스럽게 여기지 못하기 때문인데요 그래서 아이의 성공에 매달리는 엄마들을 많이 볼 수 있습니다. 그래야만 인정받을 수 있다고 믿기 때문이기도 합니다.

하지만 엄마인 자신의 모습이 부족해 보여도 "이만하면 잘했어" "나는 소중한 사람이야"라고 말하며 스스로를 존중하고 아껴주세요. 좋은 엄마가 되고 나서야 자신을 인정하는 것이 아니라 지금의 내 모습 그대로를 인정할 때 자신을 진정으로 사랑할 수 있습니다.

Q. 타인의 시선에서 벗어나 나만의 철학으로 아이를 키우려면 어떻게 해야 하는지 조언 부탁드립니다.

A. "왜 저는 아이의 부족한 면만 보일까요?"라고 말하는 엄마가 많습니다. 하지만 타고난 것, 당장 바꿀 수 없는 것을 비난한다면 아이의 자존감만 낮아질 수 있습니다. "이만큼 잘해야 해"라며 엄마가 굳이 아이에게 높은 기준을 알려주지 않는 한, 아이는 지금 자신이 서 있는 곳이 낮은 곳이라며 불안해

하지 않습니다. "여기까지 어서 올라와야 해"라며 다급해하는 엄마의 목소리가 아이의 불안감을 키웁니다. 목표는 현실적이고 간결한 것으로 설정하세요. 그래야만 정말 '도달할 수 있는 꿈'이 됩니다. 다른 사람과의 비교를 멈추는 것에서부터 엄마와 아이의 행복이 시작된다는 사실을 잊지 마세요.

Q. 완벽한 엄마가 아닌 좋은 엄마가 되기 위해 어떤 습관을 가지면 좋을지 설명 부탁드립니다.

A. 우리는 엄마이기 이전에 누군가의 사랑스러운 딸이자 아내, 친구이기도 합니다. 하지만 이 사실을 망각한 채 엄마로만 살아가며 내 안의 욕구와 목소리를 외면하기 쉽습니다. 아이에게 도움이 되지 않는다고 여기는 감정들을 꾹꾹 눌러 담아가면서 말이죠. 가족을 사랑하면서도 내 삶을 적극적으로 살아가기 위해 '나를 돌보기'와 '나를 사랑하기'를 시작해보세요. 이 책에서 소개한 7가지 행복습관을 통해 설렘과 기대가 가득한 자신만의 삶을 향한 한 걸음을 내딛을 수 있게 되기를 간절히 소망합니다.

1. 네이버 검색창 옆의 카메라 모양 아이콘을 누르세요.
2. 스마트렌즈를 통해 이 QR코드를 스캔하면 됩니다.
3. 팝업창을 누르면 이 책의 소개 동영상이 나옵니다.

엄마들은 별처럼 반짝이는 존재들입니다.
온몸이 찢어지는 고통의 강을 건너 한 생명을
세상에 나오게 한 경험만으로도 이미 인정받은 존재입니다.

더 좋은 엄마, 더 완벽한 엄마가 되려 애쓰고 있는가? 때로는 숨이 벅찰 정도로 많은 '좋은 엄마 목록'이 우리를 힘들게 한다. '좋은 엄마 학교의 모범생'이 되어야 한다는 부담감으로 힘겹다면, 부족한 엄마인 것만 같아 자책하고 있다면, 이 말을 꼭 기억하자. 세상에 완벽한 엄마는 없다. 엄마라는 존재 자체는 이미 하늘의 별처럼 아름답다. 저마다의 반짝임으로 아이에게 빛이 되어주고 있는 우리는 충분히 좋은 엄마다.

1장

완벽한 엄마란 원래 없다

왜 세상은 완벽한 엄마를 원할까?

엄마라는 존재 자체는 밤하늘의 별처럼 아름답다. 저마다의 반짝임으로
아이에게 빛이 되어주는 우리는 이미 충분히 좋은 엄마라는 걸 잊지 말자.

3살 딸을 둔 30대 초반의 혜영 씨는 엄마로 살아가는 게 너무 버겁다면서 눈물을 펑펑 쏟았다. "아이 낳고 살림이든 육아든 뭐 하나 제대로 못하는 것 같아 너무 무기력하게 느껴져요. 너무 힘들어서 혼자 어디론가 떠나고 싶을 때도 있어요. 그런 마음이 들 때마다 제가 너무 나쁜 엄마 같아 괴로워요." 그러면서 물었다. "좋은 엄마는 될 수 없겠죠?"

엄마가 되면 행복할 줄 알았지만 현실은 그렇지 않다. 우아한 엄마가 되고 싶었지만 직면한 현실은 버럭맘이다. 일도 육아도 완벽하리라 믿었건만 아이를 낳고 경력단절을 겪으면서 좌절한다. '엄마는 힘들어도 참아야 해' '뭐든 다 잘해야 해'라는 생각이

떠오를 때면 힘들고 두렵기도 하다.

아이를 사랑하기에 더 좋은 엄마, 더 완벽한 엄마가 되려 애쓴다. 하지만 그 기준에 못 미치면 '나는 나쁜 엄마야'라고까지 생각하게 되는 이유는 무엇일까?

'모성=완벽함'이라는 사회적 믿음

'모성이 있다면 아이를 위해 뭐든 할 수 있고, 해낼 힘이 있을 것'이라는 사회적 믿음이 있다. 그러다 보니 애가 아파도 공부를 못해도 성격이 까다로워도 전부 '엄마 책임'으로 떠밀 때가 많다. 그런 엄마를 2번 아프게 하는 건 주변의 시선이다.

워킹맘에게 "엄마가 일하니 애만 고생하네"라는 참견으로 상처 입히고, 키 작은 아이를 보며 "엄마가 밥 좀 잘 해 먹여야겠네"라는 말로 아프게 하고, 젖이 잘 안 나오는 엄마에게 "모유수유는 꼭 해야 해"라는 말로 가슴에 대못을 박는다. 하지만 벽찰 정도로 많은 좋은 엄마 목록만 늘어나다 보면 '좋은 엄마 학교의 모범생'이 되어야 한다는 부담감만 커질 수밖에!

이런 엄마의 마음을 대변하듯 책 『마더쇼크』에서는 엄마에게 너무 많은 역할을 부여하고 있는 현실을 되돌아보라고 말한다.

'엄마는 다 잘해야 해'라는 생각이 성공 일색의 또래 아이들을 보며 자신의 노력이 부족해 아이가 뒤처지는 것은 아닌지 걱정하게 만들고, '난 나쁜 엄마야'라며 자책하게 한다는 것이다. 모성에 대해 과대 포장된 말과 높아진 기대가 엄마들의 불안감과 죄책감을 부채질하고 있다.

모성에 대한 신비로운 능력을 말하는 연구들도 이상적인 엄마상을 만드는 데 한몫한다. 엄마가 되면 눈으로 보지 않고 냄새만으로도 아기를 알아볼 수 있다고 하고, 호르몬의 영향으로 뇌도 '엄마 뇌'로 바뀌어 신생아를 더 잘 돌볼 수 있다고까지 하니 만능이 되어야만 할 것 같다. 하지만 우리는 깨달아야 한다. 오히려 출산 후 기댈 어깨가 더 필요하다는 것을! 호르몬 변화로 우울증에 취약해지고, 육아 스트레스로 몸과 마음은 더 약해진다는 사실을!

육아에 어제와 같은 오늘이란 없다. 매일이 새로운 순간들의 연속이다. 리허설도 없는 생방송 같다 보니 긴장은 당연지사이고, 실수하지 않아야 한다는 부담도 클 수밖에!

하지만 이미 큐사인은 떨어졌고 엄마라는 역할 속으로 들어왔다. 모성이 있어 뭐든 잘할 거라는 사회적 기대와 익숙하지 않은 엄마 역할 사이에서 혼란스러운 것도 당연하다.

엄마의 마음건강이 애착만큼 중요하다

엄마라면 '이것만큼은 꼭'이라고 믿는 것 중 하나가 바로 3살까지는 보육기관이 아니라 엄마가 키워야 좋다는 '3세 신화'다. 한 워킹맘은 일을 그만둬야 할지 고민이 떠나지 않는다며 괴로워했다. "아들이 어린이집에 적응도 더디고 친구들 관계도 힘들어하는데, 제가 너무 일찍부터 일한다고 할머니한테 맡겨서 애착형성이 잘 안 되어 그런 건 아닌지 죄책감이 떠나지를 않아요."

1950년대 초반 영국 정신의학자 존 볼비John Bowlby는 '애착이론Attachment Theory'을 발표하면서 아기에게는 신뢰하는 단 하나의 존재와 애착관계를 형성해야 하는 욕구가 있다고 봤다. 그는 그 하나의 존재를 주로 엄마로 봤고, 그 애착관계가 아이의 정서발달을 결정짓는다고 강조했다. 그러면서 보육원 등에 맡겨진 유아들의 심신발달이 늦은 이유로 '모성적인 양육결핍'을 꼽았다.

이 이론은 당시 많은 미국 여성이 다시 일을 시작할 것인지 고민하는 시점에 알려졌고, 엄마가 곁에서 돌보지 못하면 아이에게 문제가 생길지 모른다는 우려를 낳았다.

물론 생후 초기부터 3세까지 '세상이 이렇게 믿을 만한 곳이구나'라는 신뢰감을 키워주려면 아이의 세상인 부모의 따뜻한 반응과 보살핌이 매우 중요하다. 하지만 '3세 신화'를 지키지 못했다

해도 죄책감을 가지지 않았으면 한다. 왜냐하면 '3살까지 엄마가 키워야 한다'는 말의 본질은 할머니든 아빠든 주 양육자가 사랑을 쏟으면 된다는 것이기 때문이다. 엄마가 '끼고 키우지 않으면' 애착이 잘 형성되지 않는다는 말이 아니다. 아이와 딱 붙어 지냈다 해도 불안감이 크고 부정적인 정서로 가득한 엄마라면 좋은 영향만 주기 힘든 경우도 있다. 하지만 여전히 '3세 신화'의 불안감에서 벗어나지 못하고 있다면 다른 연구도 주목해보자.

일본의 스가하라 교수는 일본인 모자 269쌍을 12년간 추적 조사했다. 아이가 3살 미만일 때 엄마가 일해도 아이의 문제행동과 모자 관계와의 관련성은 확인되지 않았다고 한다. 엄마의 취업으로 인한 부재보다 '엄마의 마음건강'과 '부부 사이' 같은 보육의 질이 아이의 문제행동에 영향을 준다는 것이다.

부모가 아이의 성격 형성 과정에 미치는 영향은 크지 않다고 말한 미국의 심리학자도 있다. 주디스 해리스Judith Harris는 책 『양육 가설』에서 부모에게 지나친 죄책감을 내려놓으라고 말한다. 양육을 어떻게 하는가보다 아기의 타고난 기질과 출생 순서, 또래집단이 장기적인 영향을 미친다고 강조한다. 각기 다른 연구들을 통해 무엇을 느낄 수 있는가?

육아 성적표가 따로 있는 건 아니지만 우리 사회는 엄마들에게 '레벨업'이라도 해야 할 것처럼 '더! 더! 더!'를 외치고 있다. 최고의 답을 찾으려 하지 말고 할 수 있는 일에 최선을 다하는 것만으로도 충분하다.

엄마라는 단어를 생각하면 밤하늘의 '별'이 떠오른다. 단지 높은 하늘에 떠 있어야 할 것 같은 부담 때문에 지금 그 자리에 서 있는 자신의 모습을 제대로 바라보지 못할 뿐이다. 별이 환하게 빛나지 않는다고 해서, 희미하게 보인다고 해서 빛나고 있지 않는 건 아니다.

엄마라는 존재 자체는 밤하늘의 별처럼 아름답다. 저마다의 반짝임으로 아이에게 빛이 되어주고 있는 우리는 이미 충분히 좋은 엄마라는 걸 잊지 말자.

엄마와 나, 육아 감정 사이에서 길을 잃다

평생의 밑천이 될 삶의 계좌를 엄마라는 통장에만 집중하지 말자. 엄마인 나의 단점만 보여 괴롭다면 엄마가 아닌 다른 모습들에서의 장점을 떠올려보자.

"아이를 낳고 나니까 제가 자꾸 사라지는 것 같아요." 엄마들의 단골 고민이다. 아이만 생각하고 엄마 역할에만 깊이 빠져 있다 보니 그렇다. 가족에게만 몰두해 자기 자신과 대화를 나누지 못하다 보니 내가 무엇을 좋아했었는지, 내가 무엇을 할 때 즐거웠는지, 내가 어떤 사람인지 자꾸 잊게 된다.

하지만 우리는 엄마이기 이전에 '한 사람'이다. 엄마라는 역할에만 몰두해 자신을 잃어버리면 절대 안 된다. '나다움'을 잃게 되면 몸과 마음 곳곳에서 아픈 신호를 보내기 마련이다. 본성을 억누르면서까지 '엄마는 못하는 게 없어야 해' '힘든 것도 참을 줄 알아야 해'라고 생각하며 엄마다움에만 맞춰 살아가려다 보면

'맞지 않는 옷'을 입고 있는 것 같아 몸과 마음에서 삐걱거리는 신호를 보낸다. 삶의 활력이 떨어지거나 매사에 불만족스러워지고 심하면 우울감이 찾아올 수도 있다. 내가 내 인생의 주인이 되지 못하고 있기 때문이다. 우리는 '나'와 '엄마' 사이의 길, 어디쯤을 걸어가고 있는 걸까?

한번은 애들을 챙기느라 늦은 식사를 하며 힘이 잔뜩 빠져 있을 때 아버지가 전화를 하셨다. "왜 이렇게 힘이 없노. 패기 있던 너는 어디로 가고 자꾸 골골하니까 마음이 안 좋네. 자기를 잘 챙기고 사랑하는 사람이 제일 잘 사는 사람이다. 알겠지?"

다른 사람이 바라보는 내 모습이 더 정확할 때도 있는 법이다. 아버지의 말을 듣고 잠시 '내가 패기가 있나?'라며 나에 대해 생각해봤다. 나는 잘 웃고 활기차고, 뭐든 배우는 것을 좋아하고, 새로운 일에 도전하는 것을 즐긴다. 아버지가 바라보는 나는 늘 '패기' 있는 딸인데 축 처져 있으니 안타까우셨던 것이다.

나도 엄마라는 역할과 나 사이에서 균형을 잡으려 애쓰고 있지만, 아이를 키우느라 여유가 없다는 이유로 '나는 어떤 사람인가'라는 질문을 자주 던져보지 않았었다. 우리가 얼마나 자신과 친하고 관심이 많은지 생각해보자. 우리가 수없이 건네는 인사가 "안녕하세요"와 "잘 지냈나요?"라는 말인 것처럼 자신에게도 그런 인사와 안부를 전해보면 어떨까? 오늘도 나다운 모습으로 잘 지내고 있냐고.

엄마다움 속에서 찾아야 할 '나다움'

이제 '나다움'을 찾는 일상으로 들어가보자. 나의 존재를 잊을수록 그 자리에는 엄마라는 이름만 덩그러니 남게 되고, 육아 감정에만 빠져 살다 보면 그 감정 사이에서 길을 잃는 경험을 할 수도 있다. 아이로 인해 행복하면서도 한편으로는 불안함, 죄책감, 두려움 같은 부정적인 감정에 휩싸여 때로는 중심을 잡기 쉽지 않다. 이처럼 **'나'라는 중심이 없는 삶을 살다 보면 아이의 삶이 흔들릴 때 내 삶도 송두리째 흔들릴 수 있다.**

엄마 역할에만 깊이 빠져 있다 보면 종종 아이를 자신의 분신, 즉 '확장된 자아'로 여기곤 한다. 아이와 자신을 동일시하게 되면 아이의 성공과 실패를 자신의 것으로 받아들여 괴로워하기도 한다. 대입 컨설팅 행사에서 만났던 한 엄마는 아들의 명문대 진학을 위해 인생을 걸었는데 아들이 재수를 해야 한다면서 눈물을 왈칵 쏟았다. "제 인생은 다 끝났어요. 희망이 없어요." 엄마의 꿈을 '아들의 명문대 진학'으로 세워놓고 그 기대에 못 미치자 자신의 인생이 실패한 것처럼 큰 고통을 느낀 것이었다.

이렇게 엄마가 삶의 중심을 잡지 못한 채, 아이의 인생에 너무 깊이 개입하면 아이가 결혼한 후 부모의 품을 떠나게 되었을 때 상실감과 허탈감을 이기지 못하는 경우가 허다하다. '나'라는 사람의 긴 인생에서 아이로 인해 삶이 이리저리 흔들리지 않으려면 어떻게 해야 할까? '엄마다움' 속에서도 '나다움'을 찾아야 하며 그 사이에서 균형을 잡을 수 있어야 한다. 내가 내 인생의 중심이 되어야 진짜 행복을 찾을 수 있다.

엄마와 나 사이의 균형 잡기

그렇다면 '나다움'이 무엇인지 생각해보자. 먼저 내가 '좋은 엄마상'으로 여기고 있는 것은 무엇인지 떠올려보고, 본래의 나는 어떤 사람인가 생각해보자. 예를 들어 좋은 엄마상을 '화를 내지 않는 엄마' '모범이 되기 위해 먼저 공부하는 엄마' '외식은 안 하고 집밥만 해주는 엄마'라고 떠올렸다면, 그와는 다른 원래의 나는 어떤 모습인지 생각해보자. 화를 내지 않는 엄마가 되고 싶지만 원래 내가 많이 예민하고 감정적인 사람은 아닌지, 먼저 공부하는 엄마가 되고자 노력하지만 원래 내가 공부 자체를 싫어하는 것은 아닌지, 자신의 모습을 알아차리기 위해 노력해보자.

그러면 진짜 나의 모습을 들여다볼 수 있게 된다. 힘든 부모살이에도 '내가 약하다고 생각해서 강해지려 애쓰고 있었구나' '잘해보려고 노력하고 있었구나'라고 느끼며 본래의 나를 더 이해할 수 있게 된다. 엄마로서 하나하나 성취해나가는 기쁨도 값지지만 이상적인 엄마가 되기 위해 과속하면서까지 '나의 속도'를 무시하진 말자는 말이다.

나를 너무 엄마다움에 맞추려다 보면 점점 한 인간으로서의 개성까지 감추게 된다. 예를 들어 의젓한 엄마여야 한다는 생각에 장난기 많은 자신의 모습을 애써 숨길 필요는 없다. 그것도 본래의 자신의 모습이고 개성이다. 엄마로서 부족하고 힘들게 느껴져도 그것도 '나'라는 점을 받아들이자. 과연 나는 많은 역할 속에서 지금 어디에 서 있으며 어떤 속도로 걸어가고 있는가?

평생의 밑천이 될 삶의 계좌를 엄마라는 통장에만 만들어놓지 말자. 엄마인 나의 단점만 보여 괴롭다면 엄마가 아닌 다른 모습들에서 찾을 수 있는 장점과 긍정적인 면들을 떠올려보자. 나는 '부모님의 신뢰를 한몸에 받고 있는 큰딸'이며 '남편과 친구처럼 잘 지내는 밝은 성격의 아내'이며 '탁월한 친화력으로 인기 만점인 친구'라는 식으로 말이다.

모성이라는 것이 한순간에 커지는 것은 아니기 때문에 요즘 엄마들은 엄마라는 정체성을 받아들이는 과정에서 본래 자신의 모습과 충돌을 겪기가 쉽다. **엄마로서 노력하는 많은 것들이 아직은 버겁고 힘들어서 '엄마 자존감'이 떨어지는 것 같아도 '나'라는 사람의 장점은 셀 수 없이 많다는 사실을 잊지 말자. 그래야 엄마의 삶이 흔들려도 '한 사람'으로서의 내 삶까지 쉬이 흔들리지 않을 수 있다.**

24시간 풀타임, '엄마'라는 극한직업

엄마는 아이가 아프면 바로 24시간 비상대기조가 되는 풀타임 극한직업이다.
아이가 좀 크면 정신적 긴장상태로 들어간다. 엄마의 하루도 퇴근이 필요하다.

각각 6살, 3살인 두 아들을 키우고 있는 여동생은 잠시도 앉아 있지 않고 돌아다니는 아이들을 따라다니며 돌보는 게 여간 힘든 일이 아니라며 하소연을 하더니 결국 탈이 나고 말았단다. "온몸이 두들겨 맞은 것 같더니 대상포진이래. 애들도 아파서 정작 나는 병원도 못 갔었어."

'너무 아픈 피부병'으로도 불리는 대상포진은 과로와 피로가 누적되어 면역력이 떨어지면 생긴다. 원래 50대 이상에게 많이 나타났지만 이제는 젊은 층에서도 많이 발병한다고 한다.

엄마로 살다 보면 아이들 먹는 것과 자는 것에 온통 신경을 쓰느라 정작 자신은 돌보지 못할 때가 많다. 눈뜨면서부터 정신없이 바쁜 일상을 보내다 보면 신체리듬도 망가지기 쉽다. 출근만 있고 퇴근도 휴일도 없다 보니 만성피로 때문에 면역력에 구멍이 생기게 되는 것이다.

육아 스트레스를 경험했다는 영유아 부모들을 대상으로 한 조사에서 스트레스의 가장 큰 원인으로 '육아로 인한 피로 누적 및 체력 저하'를 꼽았다. 또 '육아로 인한 개인시간 부족'과 '일과 육아의 병행'이 뒤를 이었다.

나도 초보엄마 시절 엄마는 아이가 아프면 뜬눈으로 24시간 비상대기조가 되는 풀타임 극한직업이라는 걸 결혼 전에도 머리로는 알고 있었다. 하지만 상상 이상의 힘든 시간을 버텨야 한다는 것은 아이를 키우며 뼈저리게 느꼈다. 아이가 좀 커서 체력전이 덜하다 싶으면, 그때부터는 정신적 긴장상태로 들어간다. 엄마의 하루도 퇴근이 필요하다.

내 몸인데도 내 몸이 아닌 이유

생후 9개월 된 딸을 둔 희재 씨는 육아휴직을 하면서 결심했던 일이 있었다. '좀 쉬면서 내가 하고 싶은 일도 하자.' 그런데 이게 웬일, 해도 해도 끝이 없는 집안일에 기질이 예민해 조금만 불안해도 울음을 터뜨리고 떼를 쓰는 아이와 온종일 지내다 보면 몸도 몸이지만 감정 소모도 너무 크다면서 힘들어했다.

"휴직을 하면 제 시간을 좀 보낼 수 있을 줄 알았는데 자도 자도 피곤하고 스트레스도 심해서인지 아이가 울면 귀를 막아버리거나 저도 같이 소리를 지르게 돼요. 우는 아이를 두고 옆방으로 피해 있었던 적도 있었다니까요. 저에게는 모성도 없는 것 같다는 생각에 자책만 들어요." 극도의 피로감에 몰려 자신을 괴롭히는 생각들이 자꾸만 떠올라 육아전쟁에 마음전쟁까지 치러야 했던 것이다.

정신건강의학과 정우열 전문의는 몸과 마음이 지친 상태에서는 억눌려왔던 감정이 폭발하기도 하고, 공격성도 커진다고 했다. '쉼 없는 엄마의 삶'이 얼마나 고달픈지에 대해 말한 것이다. 그는 밤에 아이에게 젖을 먹이고 기저귀를 갈아주느라 충분히 자지 못하는 것이 얼마나 위험한지도 언급했다. "사람은 18시간 동안 잠을 자지 않으면 인지기능이 떨어지는데 이는 면허정지에 해당하는 혈중 알코올 농도 0.05% 상태와 비슷하다고 해요." 잠이 계속 모자라면 술에 취한 것 같은 몽롱한 상태가 된다니 이 얼마나 위험한가.

나도 그런 경험이 있다. 첫째가 6개월 정도 되었을 때 아이를 업고 집안을 돌아다니다가 '쿵' 하는 소리에 돌아봤더니 방문을 통과할 때 아이의 머리가 한쪽 벽에 '쾅' 하고 부딪힌 것이다. 아이는 악을 쓰며 울었다. 수면부족으로 몽롱한 상태에서 중심을 잡지 못해 휘청거리다 생긴 일이었다. 큰 탈은 없었지만 그 일만 생각하면 지금도 아찔하다.

나쁜 엄마라는 생각에서 나를 구하는 법

수면부족이 이어지면 '인지왜곡'이 일어나기도 한다. 이는 어떤 상황에 대해 잘못된 해석을 내리는 습관적인 사고패턴을 말한다. 인지왜곡이 위험한 이유는 극단적인 생각이 많이 들어 '나는 나쁜 엄마야. 우리 아이는 불쌍해' 같은 부정적인 생각이 자주 찾아와 정신건강을 해칠 수 있기 때문이다.

정말 나의 상황이 극한에 달해서인지, 아니면 피곤하고 힘들 때면 불청객처럼 찾아오는 생각일 뿐인지를 제대로 알아차려야 세상을 바라보는 틀이 한쪽으로 치우치지 않을 수 있다. 그래야 생활에 지장을 주지 않을 수 있다.

부정적 생각에만 초점이 맞춰지게 되면 '우리 애는 이런 엄마를 만나서 문제 많은 애로 자랄지도 몰라' '나중에 나를 원망할지도 몰라' 이런 식으로 자신을 비난하고, 나아가 미래에 대한 부정적인 생각으로 발전하는 경우도 있다.

부정적인 생각이 떠나지 않는다면 불안한 마음에서 한 걸음 물러나 제3자의 시각에서 자신을 바라보는 '자기객관화'가 도움이 될 수 있다. 감정노트를 머리맡에 두고 당시에 느낀 감정을 적어보자. 다음 날 조금은 맑은 정신으로 그 노트를 보게 될 것이다. 그뿐만 아니라 조금 나아진 기분에서 어제 일을 떠올려볼 수 있을 것이다. '피곤하면 꼭 그런 생각이 든다니까'라고 생각하면서 어제와 달라진 감정흐름을 적어보는 것도 좋다. '어제는 우울했지만 자고 일어나니까 기분이 좋아졌네.'

또다시 수면부족에 극도의 피로감이 이어지면서 '난 나쁜 엄마야'라는 부정적인 감정들이 문을 두드리게 되면, 그동안 써내려간 감정노트를 펴보자. 감정이 너무 부정적으로 치우쳐 있을 때는 소용돌이쳤던 내 감정의 흔적들이 흔들리는 글씨에서 느껴질 때도 있다.

그럴 땐 우리 마음에 말을 건네주자. "많이 힘들었구나." "너무 슬프고 고단해서 그런 감정이 찾아왔던 거구나." 내 마음을 공감하고 나를 사로잡았던 왜곡된 생각에서 의식적으로 거리를 두어보자. 그러면서 다시 편안한 마음들이 마음의 빈 공간들을 채워주리라 믿도록 하자.

● **나를 사로잡은 왜곡된 생각을 되돌아보기**

피곤했던 밤, 자주 떠오르는 부정적인 생각은?

왜곡된 생각에 휘둘리지 않겠다는 나의 다짐은?

아이뿐만 아니라 엄마도 자라는 중이다

엄마 노릇이 너무 서툴러서 고민하고 있다면 이렇게 생각해보자.
"익숙하지 않은데 모든 걸 단번에 잘할 수는 없잖아? 차차 나아질 거야."

돌 지난 아들을 키우고 있는 하영 씨는 엄마 노릇이 너무 힘들다며 한숨을 푹푹 쉬었다. "산후조리원 동기 집에 다녀왔는데 이유식을 너무 잘 만들어 먹여서 그런지 애가 포동포동하더라고요. 낮잠도 잘 재우고 잘 놀아주기까지 하는 걸 보니 저랑 너무 비교됐어요. 전 이유식도 제대로 못 만들어서 그런지 애가 살도 안 찌고, 애 보는 기술이 떨어져서인지 너무 자주 울어요." 그러면서 조심스레 물었다. "혹시, 저처럼 애 못 보는 사람도 있나요?"

딸이 7살 때였다. 미술 시간에 물감으로 그림을 그리게 되었다며 좋아했었는데, 집에 돌아와서는 이리저리 물감이 번진 그림을 보여주며 속상해했다. "엄마, 그림 완전히 망쳤어." 그런 딸에게

나는 이런 위로를 해줬다. "처음부터 잘하는 사람이 어디 있니? 하다 보면 점점 익숙해지면서 조금씩 나아지는 거지." **엄마도 그렇다. 엄마도 자라는 중이다.**

"엄마 노릇이 너무 힘들어요"라고 호소하는 이유는 엄마가 되기 위한 제대로 된 준비도 실습도 없이 곧바로 실전에 투입되기 때문이다. 제니퍼 시니어Jennifer Senior는 책 『부모로 산다는 것』에서 "부모가 된다는 것은 성인의 삶에서 맞이할 수 있는 가장 급작스럽고 극적인 변화 가운데 하나다"라고 말했다.

소아정신과 의사인 스턴Stern 부부가 쓴 『좋은 엄마는 만들어진다』에서도 "모성은 아기가 태어나기 전부터 태어난 후 수개월에 걸친 노력이 쌓여 점진적으로 형성되는 것"이라고 말한다. 엄마도 엄마가 처음이니까 곧바로 익숙해지긴 힘들다. 사람마다 개성과 능력, 배우는 속도가 다르듯 엄마도 그렇다.

하영 씨처럼 초보엄마 시절에 아이를 키우면서 시행착오가 너무 많아 자책하다가 둘째를 낳으면서는 육아의 달인이 되는 경우도 있다. 대가족 사이에서 자라면서 집안일이며 어린 동생을 돌보는 일이며 엄마 역할을 대신할 수 있는 경험을 많이 해봤다면 엄마 노릇이 더 익숙할 수도 있다.

그러니 엄마 노릇이 너무 서툴러 고민이라면, 이렇게 생각해보자. **"익숙하지 않은데 잘하려고 애를 쓴 거지. 모든 걸 단번에 잘할 수는 없잖아? 차차 나아질 거야."**

엄마도 배우면서 성장한다

'엄마는 너무 많은 역할을 하고 있어!'라는 것도 생각해보자! 정말 그렇다. 해야 할 집안일도 많은데 친구 역할도 해야 하고, 선생님 역할도 해야 한다. 해야 할 일들이 너무 많다. 그러니 모든 것을 잘하기 어려운 것이 너무나도 당연하다.

서툰 것들이 하나둘씩 보이게 되면 엄마로서의 무능감이 크게 느껴져 가족에게 미안해지기도 한다. 하지만 지금 엄마 역할에 서툴다 해도 언제든지 더 나아질 수 있다는 점을 잊지 말자. 시간과 경험이 더 필요할 뿐이다.

엄마에게 가장 중요한 건, 아이를 사랑하고 이해하는 마음이다. 엄마 역할이 서툴다고 해서 결코 사랑의 크기가 작은 것이 아니다. 아이에게 생명만큼 소중한 엄마가 아닌가! 그 사실만으로도 어깨를 쫙 펼 만하다.

지금 엄마 노릇이 서툴고 힘에 부쳐 속상해하는 엄마가 있다면 이 말을 해주고 싶다. **"아이가 3살이면 엄마 나이도 3살이다. 아이가 10살이 되면 그제서야 엄마의 경력도 10년이 되는 것이다. 엄마도 아이처럼 배우면서 성장한다. 엄마 역할에 너무 완벽하려고 조급해하지 말자."**

엄마의 역할,
만능일 필요는 없다

엄마는 만능이 아니다. 모든 걸 다 잘하고 단점이 없는 완벽한 엄마는 세상 어디에도 없다. 집안일을 완벽하게 해내고 기진맥진한 상황에서 아이들에게 늘 웃어주고 일일이 잘 반응해주는 것은 너무 어려운 일이다.

집안일에 영 소질이 없는 나는 집안을 깔끔하게 정리한다거나 식사를 휘황찬란하게 차리는 능력이 부족하다. 하지만 사람은 누구나 잘하는 것과 부족한 것이 있다는 걸 안다. 잘하려고 한다고 금세 다 되는 것도 아니다. 익숙해질 시간과 경험이 필요하다는 걸 깨닫고 나서는 너무 힘에 부치면 되뇌어본다. "내 몸은 하나다!" 나의 부족함과 한계를 알고 받아들이게 되니 서툴고 못하는 것이 있어도 '이만하면 노력했어'라며 내가 투자한 시간에 의미를 부여할 수 있게 되었을 뿐만 아니라 잘한 것에 집중해 성취감도 자주 느낄 수 있었다.

엄마의 삶에도 '과유불급過猶不及'이라는 말이 적용된다. 너무 잘하려다 부작용이 생길 때가 많다는 의미다. 나는 체력이 바닥난 상태에서 무리하게 일을 하면 사소한 것에도 예민하게 반응해 가족들과 얼굴을 붉힐 일이 생기곤 한다. 그러면 마음과는 달리 새드엔딩이 될 때도 많았다. 그래서 집안일을 너무 잘하려고 애쓰지 않는다. 너무 힘들다 싶으면 '여기까지만 하자'고 생각하면서 몸의 시동을 끈 채 휴식을 취한다.

'아이들도 덜 피곤한 상태에서 자신의 말을 잘 들어주고 즐겁게 대화하는 엄마가 더 반갑지 않을까'라는 생각에서다. 할 일의 완급을 조절하는 것은 뻔뻔한 것이 아니라 아이와 즐겁게 지낼 수 있는 현명함이다.

넘치도록 많은 엄마 역할 모두를 완벽하게 소화할 수 없다는 것을 받아들이고, 집안일에서부터 조금씩 완벽주의를 벗어보자. 컨디션과 상황에 따라 일의 우선순위를 정해보는 것도 좋다. 꼭 해야 할 일, 빨리 처리해야 할 일, 서툴고 시간이 오래 걸려 남에게 부탁하면 좋을 만한 일, 중요하더라도 급하지 않아 미뤄도 되는 일까지 일의 중요도와 시급한 순서를 고려해 생각해보자.

여성학자 박혜란은 책 『믿는 만큼 자라는 아이들』에서 "티도 안 나는 집안일"에 시간을 과하게 쓷기보다 아이들의 친구들이 찾아오면 반갑게 맞아주고 아이들이 잘 놀 수 있는 환경을 만들어주고자 노력했다고 한다. 노동량을 줄였더니 허리통증은 물론 짜증낼 일도 없어졌으며, 무엇보다 아이들과 놀 시간이 더 많아졌다고 했다.

우리도 각자의 방식과 속도로 엄마의 길을 걷다 보면 힘들어만 보였던 육아에서도 조금씩 즐거움과 만족감을 찾을 수 있지 않을까? 나 역시 엄마로 성장하는 내 속도를 받아들이게 되면서 부족하면 부족한 대로 엄마라는 역할을 나름 잘 즐길 수 있게 되었다.

● **엄마의 행복연습**

내가 힘들어하는 엄마 역할은 무엇인가요?

내가 즐거움을 느끼는 엄마 역할은 무엇인가요?

엄마 역할을 하면서 조금씩 나아지고 있는 것은 무엇인가요?

충분히 좋은 엄마라는 믿음이 주는 기적

아이에게는 오히려 일상에서 엄마와 함께 누리는 작은 즐거움들이 더 행복하게 느껴질 수도 있다. 존재하지 않는 완벽함을 좇으려다 눈앞의 행복을 놓치지 말자.

육아가 힘든 이유 중 하나는 매뉴얼도 정답도 없다는 것이다. 내가 '아이를 잘 키우고 있는 걸까?'라는 의문이 들 때도 많지만 뒤집어 생각해보면 '내가 처한 상황에 따라 최적화된 답을 찾아낼 수 있다'는 장점도 있다. 아이를 잘 키우고 있다고 느끼는 것을 '양육효능감'이라고 한다. 내 안에 답이 있다는 생각을 가지고 자신이 처한 상황에서 양육에 대한 자신감을 가지는 것을 말한다.

"인생은 우리가 하루 종일 생각하는 것으로 이루어져 있다"라는 말처럼 결코 만만치 않은 하루하루가 반복된다 해도, 긍정적으로 생각하는 순간순간이 만나 행복한 인생이 된다는 것을 잊지 말자. '난 아이를 잘 키우고 있어'라는 생각으로 아이를 대하는 자신의 태도에 대한 믿음이 높다면 엄마 노릇이 힘들어도 쉽게 좌절하지 않을 수 있고, 아이와 문제가 생겨도 비교적 잘 해결할 수 있다. 그뿐만 아니라 아이에게 따뜻하고 긍정적인 태도를 취할 수 있게 되고, 엄마이기 때문에 받는 육아 스트레스도 낮아진다. 자연스럽게 아이의 정서지능과 자기조절력도 높아진다.

'난 지금도 충분히 좋은 엄마야'라는 생각을 가지자. 그런 생각이 육아의 자신감을 높여줘 엄마의 성장판을 키워준다는 것을 잊지 말자.

엄마의 불안이 아이를 바라보는 눈과 귀를 가린다

100일 된 아들을 키우고 있는 승미 씨는 아이가 울고 떼를 쓰면 불안감이 극도에 달한다면서 힘들어했다. "애가 울면 불안해져서 어떻게 해야 할지 모르겠어요. 어디가 아픈 건가, 문제가 생긴 건 아닌가 가슴이 철렁철렁 내려앉아요. 아이만 덜컥 낳아놓고 제대로 돌보지도 못하니 전 엄마 자격도 없는 것 같아요."

초보엄마이거나 독박육아 때문에 지치고 힘들 땐 '내가 아이를 잘 못 키우고 있는 건가?'라는 불안감이 휘몰아치기 마련이다. 하지만 이런 불안감을 자주 느끼면 양육효능감이 낮아질 수 있다. 양육효능감은 아이를 절대적으로 잘 키우는 엄마가 느끼는 감정이 아니다. 못해도, 서툴러도, 시행착오를 반복해도 상황을 긍정적으로 받아들이는 마음에서 비롯되는 자신감이다. 따라서 '난 잘하고 있어'라는 믿음을 가지는 것이 매우 중요하다.

게다가 엄마의 불안은 아이에게 전해진다. 당신이 초보엄마라면 '시간이 더 흐르다 보면 아이를 더 잘 알게 되겠지'라는 마음을 가지고, 불안할수록 자신을 따뜻하게 다독여주도록 하자. 이는 엄마 자신을 위해서이기도 하지만 아이를 위해서이기도 하다. 엄마가 정서적으로 불안해지면 자신이 처한 상황을 어떻게 해결해야 할지 막막해져 눈과 귀가 닫히게 되고, 그로 인해 아이를 제대로 바라보기 더 힘들어지기 때문이다.

예를 들어 아이가 우는 소리를 제대로 구분하지 못할 수도 있다. 아이의 울음소리에는 여러 가지 의미가 있다. 비슷비슷하게 들리더라도 "안아주세요" "추워요" "배가 고파요" "기저귀가 축축해요" 등등 울음소리로 조금씩 다른 의사표현을 한다. 울어도 해결되지 않으면 호흡이 멎을 듯이 더 처절하게 울기도 한다. 그러니 엄마가 먼저 마음을 가라앉히고 아이를 바라봐야 상황마다 표정과 울음의 강도가 조금씩 다르다는 것을 알아차릴 수 있고, 아이의 불편함을 덜어줄 수 있다.

그러니 불안한 감정이 드는 건 '내가 아이를 잘 키우고 싶어서 이런 마음이 드는구나'라는 생각이라는 점을 잊지 말자. 나를 이해할 수 있는 마음이 안정된 상태에서 바라봐야 아이를 더 객관적으로 관찰할 수 있다. 여러 번 몸으로 부딪혀봐야 '우리 아이를 가장 잘 아는 것은 나'라는 자신감을 채울 수 있고, 아이를 위해 최고는 아니라도 최적화된 나만의 명답을 찾아나갈 수 있게 된다.

충분히 좋은 엄마라는 마음을 갖기 위해 기억해야 할 것

50~60년은 엄마로 살아가게 될 인생, 더 완벽한 엄마가 되겠다며 자신의 성적을 매기고 아이를 통해 성과를 평가받는 마음으로 산다면 얼마나 고달플까? 기억하자. 육아에 있어서만큼은 완벽이 있을 수 없다는 것을. 완벽에 가까운 엄마가 된다고 해서 아이의 인생을 완성해줄 수도 없다는 것 또한 기억하자. 어떻게 자라게 될지는 결국 아이의 마음과 노력에 달려 있기 때문이다. 이런 사실을 깨닫게 된다면 '난 노력하고 있어' '열심히 했으니 된 거야'라는 마음으로 이미 나는 충분히 좋은 엄마라는 자신감을 가질 수도 있다.

완벽주의 성향이 클수록 하루하루 정해 놓은 계획에 딱딱 맞춰 육아를 과제처럼 할 때가 많다. 그러면 돌발 상황이 생길 때마다 당황하고 우왕좌왕하기 십상인 데다 아이를 잘 키우고 있다는 자신감도 약해지기 쉽다. 눈에 보이는 성과를 내려는 데 급급해 아이를 마음대로 통제하지 못하는 상황이 되면 아이를 잘못 키우고 있다는 생각에 스트레스도 크다. 해야 할 일들을 넘치도록 줄 세워놓고 '미션 클리어' 하려는 것은 엄마의 영역이 아니라 어쩌면 신의 영역일지도 모른다.

그렇다면 과제와 목표 중심의 일상에서 벗어나기 위해 어떻게 해야 할까? '작은 의미 찾기'에 집중해볼 것을 제안하고 싶다. 집안일도, 아이를 돌보는 일도 '내가 직접 해야 성에 차지' 싶더라도 주변 사람들에게 도움을 받으면서 시간적 여유를 가져보자. 일상의 작은 행복을 느끼지 못한다면 자신의 인생에 좋은 엄마가 되기 위해 노력하는 과정만 있을 뿐, 엄마로서 누려야 할 행복과 기쁨은 어디에서도 발견하지 못할 수 있다. 인생이 얼마나 아까운가!

아이에게 너무 잘하려는 마음보다는 조금이라도 긍정적인 영향을 줬다 싶은 일상에 의미를 부여하고, 작은 성취로 물결치게 해보자. "어제보다 오늘은 좀더 아이와 많이 웃었고 즐겁게 지냈어." "새롭게 만들어본 음식을 잘 먹어줘서 뿌듯하네."

세상은 대개 눈에 보이는 성과를 낼 때 박수를 쳐주지만 아이에게는 오히려 일상에서 엄마와 함께 누리는 작은 즐거움들이 더 행복하게 느껴질 수도 있다. 세상에 존재하지 않는 완벽함을 좇으려다 눈앞의 행복을 놓치지 말자.

혹시 육아중독 아니신가요?

중독처럼 아이를 키우는 일에만 지나치게 몰입하고 집착하는 경우가 있다.
왜 이렇게 아이에게 중독되었다 싶을 만큼 몰입하게 되는 걸까?

2살 아들을 둔 20대 후반의 A씨는 SNS 속 일명 '애스타그램' 꾸미기에 온갖 노력을 기울인다. 화려한 집안 인테리어에 레스토랑처럼 우아한 테이블을 세팅해 놓고 아이에게 밥을 먹이는 모습에 드라마에서나 봤을 법한 멋진 여행지에서 즐기는 사진까지, 완벽한 육아라이프를 떠올리게 하며 부러움을 사고 있다. '대단한 엄마'로 인정받는 것 같은 느낌이 들 때면 자존감도 높아지는 것 같다.

그러나 그 기대에 부응하려다 보니 육아용품도 살림살이도 이름난 '핫 아이템'들을 자꾸 사들이게 된다. 생활비는 쪼들리고 줄어드는 통장잔고를 보고 있자면 불안해지지만, 멈출 수 없다.

초등학생 아들을 둔 30대 후반의 B씨. 사람들을 만날 때마다

각종 경시대회에서 여러 번 상을 탄 아들 자랑에 여념이 없다. "우리 아들이 이번에 상 탔잖아." "우리 아들이 이번에 1등 했잖아." 어떤 사람을 만나든 B씨는 아이 이야기가 하고 싶어 입이 근질거린다. 어떤 주제로 대화를 하다가도 결국 다른 엄마들의 관심사와는 상관없이 아들 자랑으로 주제를 바꿔버리기 일쑤다.

"어떻게 공부를 시키길래 아들이 그렇게 잘해?" "애가 누구 닮아서 그렇게 머리가 좋아?" 이렇게 아들 칭찬을 들어야만 직성이 풀린다. 아들이 다른 아이보다 공부를 잘한다는 사실을 여러 사람을 통해 직접 확인하고 인정받아야만 마음이 편안해진다.

아이를 사랑하지 않는 엄마는 없다. 다만 그 사랑이 지나쳐 아이에게 '정신적 의존' 상태가 심해지는 경우가 있다. 이런 경우 몰입과 집착이 강해진다는 게 문제다. 왜 이렇게 아이에게 중독되었다 싶을 만큼 몰입하게 되는 걸까?

허전함과 외로움이 무언가에 빠져들게 한다

중독의 심리학적 원인은 결핍이라고 한다. 심리적 결핍이나 자극에 대한 결핍을 '보상'받기 위해 어떤 것에 매달리게 되는 것이다. 외로움을 참지 못해 술에 의존하는 경우처럼 지나치게 육아에 집착하게 된다. 남편에게 친밀감을 느끼지 못해 공허해지거나 결혼 전 열정을 쏟았던 일을 그만 두고 무료해질 때 또는 어린 시절에 부모에게 느꼈던 외로움과 정서적 결핍을 아이를 통해 채우려 할 때 강박처럼 아이만 바라보기 쉽다. 남편이나 시가 또는 주변 사람들에게 "그 정도는 해야지" "잘하고 있어"라며 인정받고 싶은 마음도 육아에 더 매달리게 만든다. 하지만 아이로 인해 허전한 마음을 채우고 인정받으려 할수록 상대적 박탈감을 자주 느껴 마음속 결핍이 더 커질 수도 있다.

요즘 미디어에서도 좋은 엄마로 여겨지는 사회적 기준을 점점 높이고 있는 경우가 많이 보인다. 거기에 따라가려다 보면 상대적 박탈감이 커지기 마련이다. 출산 후 몇 달 만에 복귀했다는 연예인 엄마를 소개한 기사에 "완벽한 몸매"라는 말이 따라붙고, 뛰어난 아이들의 이름 앞에도 "수학영재" "미술천재" "3개 국어 능력자" 같이 갖가지 타이틀이 매달려 시선을 끈다.

하지만 이렇게 높은 기준만 바라보게 되면 이를 이루지 못하는 현실 때문에 감정적인 결핍이 채워지기 힘들어진다. 아이가 가진 능력 이상을 기대하며 더 높은 곳으로 떠밀어 올리려다 보니 아이를 다그치고 몰아세우게 되어 아이까지도 심리적 결핍을 겪게 되는 악순환이 이어지기도 한다.

그러니 목표를 세우더라도 현실적인 기준을 세우는 것이 좋다. '우등생을 키우는 엄마' '화내지 않는 엄마'를 떠올렸다고 해보자. 공부는 엄마가 대신 해줄 수 없다. '아이를 우등생으로 키우는 엄마'보다 '아이가 공부하다 힘들 때마다 같이 머리를 식히며 자주 대화를 나눌 수 있는 엄마'가 훨씬 더 현실적이다. '화내지 않는 엄마'가 되려고 애쓰다 되려 화병만 키우는 꼴이 되기 십상이다. '화를 덜 내는 엄마'나 '화를 내더라도 폭발시키지는 않으려 노력하는 엄마'가 되는 것이 훨씬 더 수월하다.

뭐든 완벽히 하려는 마음이 앞서더라도 목표가 현실적이고 간결해질수록 정말 '지킬 수 있는 것'이 된다. 나 자신을 사랑하지 못해서 혹은 결핍된 마음 때문에 아이에게서 만족감을 얻으려는 건 아닌지 생각해보길 바란다.

이제는 내 자신도 사랑할 시간

"아이에 대한 집착과 애착이 계속되고 아이가 죽는 악몽을 꾸게 되더라고요. 아버지가 14살 때 돌아가셨고 임종을 보지 못했는데 아마도 무의식에 그 일이 남아 있지 않았나 싶어요." 영화배우 출신 추상미 감독은 한 방송에서 유산을 하고 얻은 아이에게 집착이 심했다고 털어놓았다. 의식적으로 다른 일에 몰두하려 했고 영화 연출에 보람을 느끼면서 서서히 그 집착에서 벗어날 수 있었다고 했다.

이처럼 육아에 지나치게 매달리고 있다면 보람과 성취감과 즐거움을 느낄 수 있는 일을 찾는 것도 좋다. 나의 하루가 온통 아이를 위해서만 사용되고 있다면 의식적으로 아이와 조금이라도 떨어져 혼자만의 시간을 만드는 것이 필요하다. "아이의 인생은 아이의 것이요. 내 인생은 내 것이다." 이렇게 아이와 나를 분리해서 생각해보는 연습이 필요하다. 언젠가는 부모의 도움 없이도 홀로 서야 할 시간이 온다는 생각을 하면서 미리 연습을 해보자. 육아에 중독된 것 같은 시간들이 이어지고 있다면, 이제는 아이를 더 사랑하려는 마음을 자신에게로 돌려볼 시간이다.

● 나도 육아중독? 자기점검 체크리스트

항목	체크
1. SNS에 아이 사진을 거의 매일 올린다.	
2. "우리 아들은~, 우리 딸은~"이라는 말이 습관처럼 많이 나온다.	
3. 외출할 때 입이 떡 벌어질 정도로 아이를 잘 꾸며줘야 마음이 놓인다.	
4. 어쩌다 아이와 떨어져 있어도 아이 생각이 머리에서 잠시도 떠나지 않는다.	
5. 육아용품을 사는 데 돈을 아끼지 않는다.	
6. 아이의 울음이나 말이 무의식중에 들리는 것 같을 때가 종종 있다.	
7. 아이의 실패와 성공이 내 일처럼 느껴진다.	
8. 아이의 일거수일투족을 알아야 마음이 놓인다.	
9. 잠시라도 아이를 다른 사람에게 맡기지 못한다.	
10. 육아를 아이에게 '올인'해야 하는 것이라고 생각한다.	

혹시 우리가 착한 엄마는 아닌가? 아이를 위해 너무 많은 것을 맞춰주고 알아서 척척 해주는, 상처주기 싫어 화도 잘 못 내는 그런 엄마는 아닌가? 하지만 착한 엄마의 틀 속에 갇히다 보면 정작 자신을 사랑하고 돌보기 힘들어진다. 조금 뻔뻔해져야 진짜 나를 만날 수 있다. 나다운 모습은 '욕구'와 '감정', '개성'까지 건강하게 표현하는 것이다. 반대로 착한 아이로 키우고 있나? 착한 아이가 자라서 착한 엄마가 될 수도 있다. 아이도 엄마도 자신의 감정을 신뢰하고 할 말은 당당하게 하는 마음 연습, 시작해보자.

2장

착한 엄마만 무작정 꿈꾸지 말자

인정받고 싶은 욕구가 착한 엄마를 만든다

아이의 자존감을 높여주려는 마음에서 선택권을 많이 주는 엄마도 많지만, 선택하게 하는 것과 주도권을 넘기는 것은 엄연히 다르다. 우리가 너무 착한 엄마는 아닐까?

요즘 '착하다'는 말이 부정적으로 쓰일 때가 많다. '언행이나 마음씨가 곱고 바르며 상냥하다'는 좋은 의미이긴 하지만 할 말도 못하고 남의 비위만 맞춰주는 사람을 가리켜 "참 착해 빠졌다"고도 하니까. 그래서인지 다른 사람과의 지켜야 할 선을 넘지는 않되, 감정표현도 할 말도 당당히 하자고 외치는 책들이 인기다.

하지만 '착한 사람'은 반대다. 나보다 늘 상대의 생각에 귀를 기울이고 갈등 상황을 피하려다 보니 잘못하지 않았는데도 사과할 때가 있다. 그뿐인가. 상대방의 감정을 살피며 자신의 의견은 드러내지 않고 감정을 억누를 때가 많다 보니 표현만 못할 뿐 속은 곪아 있는 경우도 많다. "너는 참 착해"라는 말이 "너는 속도 없어"와 비슷한 의미로 쓰이기도 하는 이유일까?

'착한 엄마'의 틀 속에 갇힌 엄마들은 자신을 자꾸 아이에게 맞추려다 보니 정작 스스로를 사랑하고 돌보기 힘들다. 아이에게 절절매거나 아이 고집에 이리저리 휘둘릴 때도 많다. 더 문제는 착한 엄마도 정도가 지나치면 '착한 엄마 콤플렉스'의 양상을 띨 수 있다는 것이다. **착한 엄마 콤플렉스는 다른 사람에게 착한 엄마라는 반응을 듣기 위해 내면의 욕구나 소망을 억압하는 말과 행동을 반복하는 심리적 콤플렉스를 말한다.**

다른 사람이나 아이에게 어떤 엄마로 보이는지에 너무 신경을 쓰게 되면 자신의 '욕구'나 '감정'을 계속 억누르게 될 수 있다. 혹시 아이에게 많은 것을 맞춰주려다 나다운 모습을 만들어주는 '욕구'와 '감정', '개성'까지 지나치게 많은 것들을 억누르고 있지는 않은지 생각해보자.

내 안에 곪아 있는 심리적 상처를 살펴보자

경미 씨는 어린 시절 지나치게 권위적인 아버지 밑에서 자랐다. 무서운 아버지의 신경을 건드리지 않으려 했고, 아버지가 조금만 화를 내도 잘못하지 않았음에도 불구하고 "죄송해요"라는 말부터 하며 눈치를 살폈다. 아버지의 칭찬에 늘 목이 말랐다. 아버지에게 인정받고 싶어 언제나 노력했다. 경미 씨는 화를 자주 냈던 아버지가 떠올라 이렇게 결심했었다고 한다. '난 엄마가 되어도 아이에게 절대 싫은 소리 안 할 거야.' '상처 받지 않게 해줄 거야.'

그런데 아이가 초등학교에 들어가면서 자기주장이 강해졌고 의견 충돌이 생기면서 화가 치밀어올랐다. 하지만 매번 '화를 내면 아이가 실망할 텐데' '좋은 엄마는 화를 내면 안 되지'라는 생각에 억눌렀다.

경미 씨는 어린 시절의 상처로 아팠던 경험을 아이에게 대물림하기 싫었던 마음이 있었다. 하지만 한편으로는 그동안 부모에게 착한 딸이어야 한다는 강박에 하고 싶은 말도 못하고 순응하며 살아오다 보니 아이에게도 착한 엄마, 좋은 엄마로 보이고 싶은 인정욕구가 컸던 것이다. 그리고 그 마음은 착한 엄마여야 한다는 자신 안의 외침으로 돌아왔다.

하지만 좋은 엄마가 되겠다는 마음에 너무 집착해 아이가 해달라는 것은 무조건 들어주며 이리저리 끌려다니다가 결국 감정이 한계에 도달해 폭발을 하곤 했다. '이건 아닌 것 같은데'라고 생각하면서도 아이에게 맞춰주려다 보니 결국 내면과 외면의 모순이 일어나 제어되지 않는 감정이 불쑥 튀어나오기도 했던 것이다. 어떻게 하면 이 굴레에서 벗어날 수 있을까?

조금 뻔뻔해져야
진짜 나를 만날 수 있다

착한 엄마는 상대의 평가에 대한 불안감도 높은 편이어서 아이에게 조금만 문제가 생겨도 '내가 제대로 돌보지 못해서 그래'라며 자기 탓을 할 때가 많다. 절대로 그래서는 안 된다. 10번을 잘해놓고선 한두 번의 작은 실수에 너무 자책하지 말자.

착한 엄마는 거절도 잘 못한다. 아이를 통제해야 할 때는 "안 돼"라고 말하는 연습을 해보자. 아이가 어릴수록 감정을 수용해주는 것은 중요하지만 친구를 다치게 하거나 꼭 지켜야 할 규칙을 어겼을 때처럼 해야 할 것과 하지 말아야 할 것에 대한 행동을 통제할 때도 있어야 한다. 행동은 제한하더라도 수용과 공감의 자세로 대하면 아이도 자신의 마음까지 거절당하지 않는다는 것을 반복된 경험과 사랑으로 충분히 느낄 수 있다. 그러니 화가 나거나 속상할 때는 엄마의 자연스러운 감정표현도 해보자. **'아이 말인데 웬만하면 들어줘야 좋은 엄마지'라는 마음에서 벗어나 때로는 뻔뻔해질 필요도 있다.**

예를 들어 아이가 밖에 나가서 놀자고 조르는데 몸이 너무 힘들 때는 "엄마가 몸이 너무 힘드네. 오늘은 집에서 놀자"라고 이야기할 수 있어야 한다. 그러면 아마 아이는 "안 돼. 엄마가 와서 놀아줘"라며 보챌 것이다. 하지만 엄마에게도 마음과는 달리 몸이 안 따라주는 날도 있다는 걸 인정할 수 있도록 아이에게도 말해줘야 한다. 왜 안 되는지, 왜 못하는지 이유를 이야기하며 거절도 할 수 있어야 한다. "엄마 오늘은 좀 쉬어야 해. 몸이 안 좋을 때 못 쉬면 꼭 아프더라고. 지금부터는 엄마 휴식시간~."

아이가 '엄마는 모든 걸 다 해주는 사람이구나'라는 생각으로 늘 요구만 하기보다 엄마도 쉴 땐 쉬어야 하는 사람이고 못 놀아줄 때도 있다는 것을 알아야만 엄마를 더 이해할 수 있게 된다. 또 안 되는 것은 안 된다고 단호하게 가르치는 훈육도 필요하다. 자신만 아는 이기적인 아이로 자라지 않도록 하는 가르침이기도 하다.

요즘 자존감을 높여주려는 마음으로 대부분의 엄마가 아이에게 많은 선택권을 주지만, 아이로 하여금 선택하게 하는 것과 주도권을 넘기는 것은 엄연히 다른 일이다. 엄마의 권위가 사라지게 되면 오히려 아이에게 끌려다니게 될 수도 있다. 생각해보자. 우리가 너무 착한 엄마는 아닐까?

우울한 엄마보다 게으른 엄마가 낫다

우울하고 부정적인 감정에 깊이 빠져들지 않기 위해서는 의식적인 노력이 중요하다. 전문가들이 제시하는 방법들을 참고하자. 조금씩 나를 돌보는 시간을 가져보자.

엄마가 되면 참 다양한 감정과 만나게 된다. 아이 덕분에 행복하다가도 한순간 미워지는 양가감정을 느낄 뿐만 아니라 기분이 좋았다 문득 슬퍼지기도 하고, '엄마로서 내가 잘하고 있는 건가?'라는 불안감이 몰려오기도 한다.

우울감이 찾아올 때도 있다. 대개 4주 이상 우울감이 지속되고 일상생활이 불가능할 정도로 감정조절이 어렵다면 우울증으로 진단한다.

인구보건복지협회가 2016년에 출산을 경험한 20~40세 여성 1,100명에게 한 조사를 보니 절반가량이 산후우울증으로 아이를 거칠게 다루거나 때린 적까지 있었다고 한다. '마음의 감기'가 이렇게나 엄마를 고통스럽게 하지만 문제는 아이에게 '올인'할수록 자신의 감정을 잘 들여다볼 여유가 없어 우울감을 방치하는 경우가 많다는 의미다.

긍정심리학의 창시자인 마틴 셀리그만Martin Seligman 박사는 "헤어날 수 없는 스트레스 상황이 지속되면 결국 우울증이 생긴다"고 했다. 피할 수 없는 힘든 상황을 계속 겪게 되면 피할 수 있는 상황이 와도 극복하려는 노력조차 하지 않고 포기해버린다는 것이다.

답답하고 자신감이 떨어지고 화가 나는 것 같은 부정적인 감정으로 몸살을 앓더라도 '기분이 좀 안 좋네'라며 지나가는 감정으로 넘겨버릴 때도 많다. 우울감을 떨쳐버리지 못해 빠져 있다 보면 헤어나야 한다는 생각조차 하지 못한다.

하지만 우울감이 찾아온다는 건 나의 무의식이 나에게 보내는 신호다. '너는 지금 많이 힘들어하고 있어. 너에게도 돌봄이 필요해'라는 의미다. 이런 메시지를 무시한 채 자신의 감정을 제대로 인식하지 못하고 힘든 상황이 반복되면 육아우울증으로 발전할 수도 있다. 아이가 우는 모습만 봐도 화가 치밀어 같이 소리를 지르며 울거나, 아이로 인해 인생이 불행한 것 같은 괴로움을 느끼기도 한다.

마음의 감기가 독감이 되지 않게 하려면?

너무 힘들 땐 때로는 감당하기 벅찬 짐을 잠시 내려놓고 쉬어가자. 엄마가 인식하지 못할 뿐, 부정적인 감정이 몰려오면 엄마뿐만 아니라 덩달아 아이까지 힘들어진다. 우울감 때문에 자신의 모습을 명확하게 바라보지 못하고 힘든 마음이 눈과 귀를 가리고 있어, 그 감정을 걷어내지 않으면 아이가 하는 말과 행동에도 민감하게 반응하기 어렵기 때문이다.

그러면 자신도 모르게 짜증과 화를 내고 비난을 자주하게 되면서 아이에게 부정적인 정서를 전하게 될 수도 있다. 그러니 너무 힘들 땐 육아의 짐을 살짝 내려놓고 내 마음을 돌보는 데 힘을 쏟는 것이 어떨까? 조금은 천천히 페이스를 조절하면서 내 마음을 보는 시간을 갖자.

그냥 달리기도 벅찬데 모래주머니까지 달고 달리려니 쓰러지기도 쉽다. 아이와 많이 놀아주지 못했다고 해서, 며칠 동안 반찬을 골고루 먹이지 못하고 숙제를 봐주지 못했다고 해서, 혹은 집안 정리가 잘 안 되었다고 해서, 아이가 잘 자라지 않는 것은 아니다. 육아는 긴 여정이다. 초반에 결과가 나오는 레이스는 어디에도 없다.

우울감이 몰려올 땐 이렇게 해보자. 남편과 가까운 사람들에게 도움을 청하는 거다. 아무도 나를 이해할 수 없다는 생각에 빠져

온 우주에 홀로 덩그러니 떨어져 있는 것 같은 외로움이 들더라도, 내 감정에 온통 휘말려서 허우적대다간 차가운 물 안에 계속 방치되어 '마음의 감기'가 '독감'이 될 수도 있다. 엄마도 숨을 쉴 수 있도록 손을 잡고 물 밖으로 끌어내줄 누군가가 필요하다. 자신이 힘들다는 걸 알리면서 숨이라도 쉬어야 손을 내밀 수 있는 힘도 생길 수 있다.

아이를 낳고 2시간마다 자다 일어나 모유수유를 할 때였다. 수면부족은 당연하고 팔에 근육통이 떨어지지 않을 정도로 괴로운 시간이 이어지자 '내가 아이 낳고 젖 먹이는 기계가 됐네'라는 부정적인 생각이 찾아왔다. 힘들고 피곤한 상황이 계속되니 그런 감정에서 빠져나오기는 더 힘들었고, '내가 너무 의지가 약한 엄마는 아닌가'라는 자괴감도 들었다.

그러다가 혼자 감당하기는 버겁다는 걸 남편에게 적극적으로 표현했다. "애 키우는 게 이렇게 힘들다니, 너무 아파서 몸이 없어져버렸으면 좋겠어." **과하긴 했지만 그저 힘들다는 하소연이었는데 몸이 없어져버렸으면 좋겠다니, 남편도 얼마나 놀랐을까? 하지만 뭐가 힘든지 구체적으로 표현해야 상대가 알아차릴 수 있고, 그래야 도움도 받을 수 있다.**

감정을 표출해야 안으로 덜 쌓인다. 자신의 감정을 말하며 위로를 받는 것도 중요하다. "나 혼자서는 너무 힘드네. 분유 먹이고 목욕시키는 건 당신이 해주면 좋겠어"라는 요청에 남편도 열의를 보이며 적극적으로 도왔다. 그랬더니 '그래도 나 혼자 육아 부담을 다 짊어지는 건 아니야'라는 생각에 위안이 되었는지 조금 더 눈을 붙일 수 있었고, 에너지도 충전할 수 있었다. 그렇게 조금씩 나를 돌보다 보니 아이에게 민감하게 반응할 수 있었고, 아이를 안고 업고 먹이고 씻기는 일들이 익숙해지면서 안정을 찾을 수 있었다. 남편 역시 나름대로 낯선 상황들을 하나둘씩 경험하면서 아빠 역할에 조금씩 능숙해졌다.

너무 무거울 땐
잠시 짐을 내려놓자

우울감이 드는 것조차 '엄마답지 못해'라고 여기며 감정을 억누르는 사람도 있지만 모든 감정에는 다 이유가 있다. 우울감을 느낀 이유는 내가 그만큼 힘들었다는 신호라는 것을 알아차리는 것이 중요하다. 자신에게 '힘들었구나' '외로웠구나' '어깨가 무거웠구나'라는 따뜻한 위로를 전해보자.

나는 아이를 낳고 3주 뒤에 일하러 나가야 했다. 일에 다시 적응하는 데 신경을 쏟으며 아이만 바라보던 상황에서 조금씩 벗어날 수 있었다. 의식적으로 일할 때만큼은 아이와 나를 분리하려 노력했고, 그 덕분에 마음의 건강을 회복할 수 있었다. 일에 집중했던 시간이 우울하고 부정적인 감정에 깊이 빠지지 않는 데 도움이 되었다. 전문가들이 기분전환을 위해 제시하는 방법들이다. 조금씩 나를 돌보는 시간을 가져보자.

● 나를 돌보는 시간을 갖는 5가지 방법

1. 무조건 아이는 24시간 내가 돌보아야 한다는 생각은 접어두자. 남편이나 가족, 베이비시터에게 아이를 맡기고 쉬거나 부족한 잠을 자는 시간을 확보하자.
2. 현재의 공간에서 벗어나자. 영화를 보면서 잠시 다른 현실로 가보자. 햇빛이 좋은 날에 산책하며 몸을 움직이면 감정도 전환될 수 있다.
3. 예쁘고 밝은 색깔의 옷을 입거나, 실내화의 부드러운 촉감도 느껴보고, 음식의 맛에도 집중해보자. 여러 감각에 집중하며 맛있는 것, 즐거운 것을 통해 좋은 기운을 느껴보자.
4. 명상을 하거나 음악을 듣거나 기분이 좋아지는 사진을 보면서 신체·생리적 요소를 변화시켜 감정의 변화도 이끌어보자.
5. 예쁜 찻잔에 차를 마시면서 나를 귀하게 대접하는 느낌을 주도록 하자.

다 해주는 엄마가 아이를 망친다

자신의 힘으로 일어서는 능력이야말로 위기 때마다 다시 일어설 수 있는
'회복스프링'을 장착하는 일이다. 엉덩이가 무거운 엄마가 되어보자.

영화 〈라푼젤〉을 보면 고텔이 탑 밖으로 나가고 싶어하는 라푼젤을 '보호'라는 핑계로 가두어놓고 부르는 노래가 있다. "세상은 위험해, 순진한 너는 어림도 없어, 엄마가 널 지켜줄게."

아이를 키운다는 건 매일의 불안을 견디는 일이기도 하다. 아이를 사랑하니까 더 행복했으면 좋겠고, 아이가 상처를 받을까봐 두렵다. 불안하다는 건 그만큼 간절히 지키고 싶은 게 생겼다는 말이기도 하다. 하지만 엄마가 뭐든 다 해준 아이는 인생을 어떻게 살아가야 할지 오히려 막막해하기 쉽다.

소아과 의사 출신의 정신분석가 도널드 위니컷Donald Winnicott은 아이에게 '최적의 좌절'을 경험하게 하는 것이 '최선의 양육'이라고 했다. 그런데 실패와 좌절을 하는 경험조차 엄마가 다 막아서서 방패막이 되어주는 경우가 있다. 어린 시절 부모의 사랑을 충분히 받지 못했다고 느꼈거나 방치된 경험이 있는 경우, 자신이 받지 못한 관심을 아이에게 다 주려고 하기도 한다. 자신의 부모가 지나치게 간섭했거나 권위적이었던 경험이 있는 경우, 심리적 결핍으로 인해 아이를 지나치게 감싸거나 보호하기도 하고, 자라면서 자신에게 부족했다 싶은 것을 채워주기 위해 과하게 관심을 가지기도 한다. 어린 시절 과잉보호를 받으며 자란 사람이 그 사랑의 방식이 최고라고 생각할 때도 그렇다.

과잉보호를 하게 되는 이유는 다양하지만 문제는 어떤 모습이든 부모는 그것이 커다란 사랑의 표현이라고 여긴다는 것이다. 유아기에 과잉보호를 받은 아이는 자라면서 감정과 충동을 통제하는 능력이 떨어져 학교생활에 어려움을 겪는다는 연구 결과도 있다.

그러므로 무조건 아이에게 다 맞춰주거나 과잉보호를 하게 되면 자기통제력이 낮아질 수도 있다. 아이 스스로 해야 할 일에서 엄마가 조금씩 손을 뗄수록 아이는 감정과 행동조절, 상황을 해결하는 방법 등을 배워나갈 수 있다.

아이는 실수하고 넘어지는 경험도 해볼 권리가 있다. 그래야만 작가 생텍쥐페리Saint Exupery가 "배를 만드는 법을 가르치지 말고 푸른 바다를 꿈꾸게 하라"고 말했던 것처럼 자신이 꿈꾸는 세상을 향해 용기 있게 부딪힐 수 있는 마음의 근육을 키우면서 앞으로 나아갈 수 있다.

오는 계절까지 엄마가 막아설 순 없다

엄마가 다 해주는 아이의 비극은 '의존하려는 마음의 습관'이 자란다는 것이다. 더 안타까운 사실은 스스로 문제를 해결할 수 있다는 사실조차 알지 못한다는 것이다. 엄마가 다 해줄 거라는 당연한 생각으로 해보지도 않고 계속 엄마에게 손을 내밀게 된다.

그러니 아이가 넘어질 수도 있고 상처 받을 수도 있다는 걱정 때문에 자꾸 몸이 움직이더라도 문제를 해결해야 하는 건 아이임을 잊지 말아야 한다. 그저 아이를 지켜보는 시간을 가지는 연습을 해야 한다.

유아기에는 엄마가 조금씩 도와주면서 너무 큰 실패의 경험을 반복하지 않는 환경 속에서 스스로 해볼 수 있게 해주는 것도 중요하다. 이때 기억해야 할 점은 자유를 허용한다는 것이 방임을 의미하는 것은 아니라는 사실이다.

만 2세 이후부터 '나'에 대한 개념이 생기기 시작하면서 아이의 자율성은 쑥쑥 자라난다. 이 시기에 아이가 어떻게 해야 할지 스스로 생각할 수 있도록 '무엇을 가지고 놀고 싶은지, 지금 뭐 하고 싶은지' 등을 물어보는 것도 좋다. 표현이 능숙하지 않은 시기에는 선택지를 2~3개 정도로 좁히는 것도 좋다. 말이 점점 능숙해질수록 자신의 생각을 표현하면서 선택할 수 있게 된다. 자율성을 가지면서도 스스로 정한 규칙을 지킬 수 있게 도와주고 지켜봐주면 자신이 한 일에 책임감을 가지는 아이로 성장할 수 있다.

유독 예민하고 불안감이 높은 아이는 자신감을 가질 수 있도록 도와주는 것도 필요하다. 하지만 뭐든 다 해주려는 태도는 '자유의지'가 있는 아이에게 무언가를 경험할 수 있는 소중한 기회를 빼앗는 일이 되어버릴 수도 있다.

결국 자유를 허용하는 것도 '정도'가 중요하다. 혼자 힘으로 뭔가를 해보려고 하는 마음의 힘이 생기고 그것이 행동으로 이어질 때, 그때는 기대만큼의 결과가 나오지 않더라도 조금씩 손을 떼도록 해보자.

아이에게 손을 잘 떼지 못하겠다는 엄마는 "그러다가 아이가 잘못되면 어떻게 해요?"라고 묻는다. 불안감을 가지는 엄마가 많다. 아이가 상처 입을까봐, 실패할까봐, 좌절할까봐 등등 이유도 여러 가지다. 이런 경우 어린 시절 상처를 받았던 경험, 크게 좌절해서 낙담했던 기억, 나를 괴롭히는 불안감이 아이를 통해 다시 되살아나고 있는 건 아닌지 생각해보자.

무엇을 해줘야 할지 고민하기보다 무엇을 해주지 말아야 할지 생각하는 것이 더 중요해지는 시기가 온다.

특히 생각의 힘이 점점 더 세지는 10대가 되면서는 어떤 상황을 어떻게 해결해나가야 할지 스스로 생각할 수 있도록 문제해결력을 길러주는 것이 좋다. 너무 많은 것을 맞춰주다 보면 아이가 부모 없이 세상으로 나갔을 때 벌거벗은 채 맨몸으로 비바람을 맞고 있는 것과 같은 충격을 느낄 수도 있기 때문이다.

기억하자. 겨울에 "좀 추울 거야. 따뜻하게 입고 다녀"라며 옷을 챙겨줄 수는 있지만 오는 계절까지 엄마가 막아설 수는 없다는 걸!

아이의 사랑과 인정, 이미 충분히 받고 있다

아이의 사랑과 인정을 중요하게 여기지 않는 엄마가 어디 있겠는가. 하지만 유독 아이의 인정에 신경을 쓰고 더 나아가 아이가 하는 말을 엄마 자신에 대한 평가로 여기는 경우가 있다. 아이가 가끔 "엄마 미워" "싫어"라고 소리라도 지르면 '내가 뭘 잘못했지?' '어떻게 해줘야 하지?'라는 답답하고 혼란스러운 마음에 나도 모르게 "그래 엄마가 해줄게. 울지마"라고 대답하는 '과잉보호형' 엄마가 되기도 한다.

하지만 온몸이 찢어지는 고통의 강을 건너 한 생명을 세상에 나오게 한 그 경험만으로도 우리는 이미 인정받은 존재이고, 아이에게 절대적인 사랑을 받고 있는 존재라는 걸 잊지 말자. 이런 믿음이 있다면 아이가 아무리 "엄마 싫어!" "미워!"라고 소리를 쳐도 흔들리지 않는다. 아이는 그저 "내 마음을 알아주세요"라는 표현을 한 것일 뿐이다. 엄마에게 공감받고 싶다는 언어일 뿐이다. 엄마를 평가하거나 비난하려는 것이 아니다.

아이가 울고 떼를 쓴다고 해서 다 해주는 엄마가 될 것이 아니라 오히려 '아이가 왜 힘들어할까?' '왜 이렇게 짜증을 부릴까?'라는 생각을 통해 말 너머의 의미를 이해하고 적절히 반응해줄 수 있는 민감성도 발휘해야 한다.

다 해주지 않더라도 아이는 자신이 문제를 해결할 수 있는 경험을 통해 성장해간다. 자신의 힘으로 일어서는 능력이야말로 위기 때마다 다시 일어설 수 있는 '회복스프링'을 장착하는 일이다. 엉덩이가 무거운 엄마가 되어보자.

빈틈 많은 엄마가 때로는 아이에게 성장의 기회를 준다

"피할 수 없다면 즐겨라." 상황을 바꿀 수 없을 때 긍정적으로 생각해보자.
때론 결핍이, 엄마의 빈틈이 아이들을 한 뼘 더 성장하게 만든다.

유치원을 옮기는 일로 상담을 청해온 엄마는 이런 고민이 있었다. "딸이 미술을 너무 좋아하고 재능도 있어요. 사립 유치원을 다니고 있는데 원비가 낮은 곳으로 옮겨야 되는 상황이에요. 근데 지금 다니는 곳에 딸이 좋아하는 미술 수업이 있거든요. 그 시간만 기다리는데 유치원을 옮겨야 하니 슬퍼해요. 재능이 있어도 뒷받침해주지 못한다는 생각에 미안하기만 해요."

담담하게 말하는 듯했던 엄마의 눈에 이내 눈물이 고였다. 아이가 누리고 있는 것에서 '덧셈'을 해도 모자란 마당에 '뺄셈'을 해야 하는 상황이 왔으니 가슴이 아팠던 것이다.

나는 미술을 많이 좋아하는 아이라면 오히려 좋아하는 수업을

들을 수 없는 결핍의 상황 덕분에 그림을 더 그리고 싶다는 마음이 간절해질 수도 있다고, 그래서 스스로 크레파스를 들게 될 수도 있을 거라고 이야기해주었다. 칭찬과 격려만 잊지 않는다면 아이가 미술에 대한 흥미를 잃지 않고 어디에서도 그 열정을 이어갈 수 있을 것이라는 말도 보탰다.

더불어 도서관의 무료 미술 수업도 추천해주었다. '나 때문에 더 잘할 수 있는 아이가 혹시 흥미를 잃으면 어떻게 하나?' '그림이 더 늘지 않으면 어떻게 하나?'라는 걱정 때문에 괜시리 슬프고 불안한 게 아닌지 들여다봤으면 한다는 말도 건넸다.

때로는 어떻게 받아들이고 생각하느냐에 따라 결핍의 상황이 빈틈을 채우고도 남을 만큼 풍성하게 채워지기도 한다. 나 역시 어린 시절에 부모님은 늘 바쁘셨고, 어머니의 손길이 필요한 순간들도 많았다. 하지만 혼자 뭔가를 해보고 부딪혀본 경험 덕에 독립적이고 씩씩한 성격도 많이 키울 수 있었다.

10살쯤이었을까? 어머니가 일을 하러 가셨는데 실컷 놀고 집에 돌아왔더니 저녁인데도 문은 잠겨 있고 오시지를 않는 거다. 2시간쯤 흘렀을까? 집 앞 계단에 앉아 이런저런 생각을 하고 있다가 안 되겠다 싶어 친구 집으로 향했다. 초인종을 누르니 친구 어머니가 '이 시간에 웬일인가?'라는 표정으로 바라보다가 이내 뚱한 내 표정을 보고는 "아직 엄마가 안 오셨니?"라고 하면서 반갑게 맞아주셨다. 오지 않는 부모님을 하염없이 기다리다 진이 빠지기도 했지만 친구 부모님이 "옥희는 참 씩씩하구나"라면서 해주시는 칭찬이 좋았다. 그 덕에 '정말 씩씩해져야지'라는 생각도 했던 것 같다.

어머니가 바쁘셨던 만큼 늘 곁에서 공부를 봐주거나 일일이 스케줄을 체크해주지 않았지만, 대신 '오늘은 뭘 할까?' '어떤 친구와 놀까?' 같은 생각도 할 수 있었다. 좋아하는 도서관에서 책도 실컷 읽고, 해 질 무렵까지 친구들과 운동장에서 원 없이 뛰어놀 때도 많았다. 지금 생각해보면 사람과 세상 공부를 마음껏 할 수 있었던 살아 있는 경험의 시간이었다.

할 수 있는 것들이 많아진다고 생각할수록 '자기효능감'이 높아진다. 자기효능감은 주어진 상황에서 얼마나 유능할 수 있는지에 대한 개인의 신념이자 판단을 말한다. **높지 않은 목표를 두고 내가 해냈다는 작은 성공의 경험을 자주 하는 게 중요하다.** '나는 할 수 있다'는 반복적인 자기암시를 통해 실제로 어떤 일이 이루어지는 경험이 계속되면 자신의 능력을 믿게 되고, 자연스럽게 자신감을 키울 수 있다.

결핍이 때론 아이들을 성장하게 한다

영화 〈라이온 킹〉에서 주인공 심바의 친구 라피키는 이렇게 말했다. "과거가 상처를 줄 수는 있어. 하지만 둘 중 하나야. 도망치든가, 배우든가." 결핍은 때로 인내심과 의지력을 길러준다. 결핍을 성장의 동력으로 삼다 보면 인내심과 강한 의지력뿐만 아니라 판단력까지 기를 수 있다.

예를 들어 용돈이 부족하면 아껴 써야 하니 '꼭 필요한 것이 뭘까'라는 생각을 해보게 되고, 써야 할 것과 쓰지 말아야 할 것을 고민하며 판단력을 기를 수 있게 된다. 심리적 결핍이 무언가를 채우려 하는 집착의 양상을 보일 때도 있지만 더 나은 삶을 살기 위해 노력하게 만드는 에너지가 되기도 하는 것이다.

몽골에서 온 남매가수 악동뮤지션은 자신들의 책 『목소리를 높여 high!』에서 '결핍의 경험'을 소개했다. 집안 형편이 좋지 못해 한참 멋지게 꾸미고 싶은 사춘기 시절인데도 부모님에게 스키니진을 갖고 싶다는 말을 꺼내지 못해 혼자 속을 끓이다 포기했다고 한다. 유행이 지난 옷을 보고 있으면 한숨이 나왔지만 가진 것을 소중히 여길 줄 알게 되었다고 한다. "누구든 모든 걸 다 가질 수는 없다는 것, 그래서 세상은 조금은 공평하다. 스키니진을 입진 않았지만 춤을 잘 춰서 스키니진 입은 것만큼 멋있게 보였으면 된 거다."

"피할 수 없다면 즐겨라." 이 말처럼 상황을 바꿀 수 없다면 긍정적으로 생각해보는 것이 어떨까? 결핍이 때론 아이들을 한 뼘 더 성장하게 만드니까!

부족할수록 아이에게 채워지는 것들

다른 사람들처럼 엄마도 부족한 것이 많고, 마음처럼 잘 챙겨주지 못해 미안해질 때도 많다. 하지만 우리 걱정과는 다르게 아이들은 그 빈틈 사이에 뿌리를 내리고 생각 이상으로 단단하게 자라나기도 한다.

우리 가족은 '번개 여행'을 자주 떠났다. 일터에서 부랴부랴 돌아와 짐을 준비하다 보니 제대로 짐을 싸지 못할 때가 많았다. 그런데 6살 쯤에 딸이 "내가 짐 쌀 거야"라며 나섰다. '빠뜨리는 게 한두 가지가 아닐 텐데'라는 마음도 들었지만 아이의 할 수 있다는 자신감을 꺾는 것 같아 맡겨보기로 했다. 처음에는 "나 못했지? 완전히 망쳤어"라고 했었는데 7살 때부터는 가족들의 짐까지 싸놓는 수준이 되었다.

아이가 초등학교 1학년 때 여행을 갔다가 "속옷을 안 챙겨왔네. 근처에서 사야겠다"라고 했더니, 의기양양한 표정으로 반듯반듯하게 개어놓은 속옷을 보여주며 "그럴 줄 알고 다 챙겨왔지"라고 하는데 귀엽고 대견해 한참을 웃었던 적이 있다.

비가 올 때는 우산을 건네주며 생색을 내기도 한다. "으이그! 엄마는 내가 있어야 한다니까!" 이런 경험과 자신감 덕분일까. 초등학생이 되어서도 물건을 잃어버리는 일이 거의 없고, 숙제도 대부분 스스로 체크하고 해낸다. 스스로 뭔가를 해보고 자신감을 느껴본 경험이 딸에게 도전하는 자세로 삶을 대하게 만들고 있음을 느낄 수 있었다.

서툴고 부족해 보여도 아이의 노력 자체를 인정해주면 자신이 엄마에게 무엇인가를 해줬다는 사실만으로도 '난 잘 할 수 있는 사람' '나도 무엇인가를 해줄 수 있는 사람'이라는 자신감을 가지고, 스스로를 긍정적으로 바라보게 된다. 아이들은 우리의 생각보다 더 강하고 지혜롭다. 서툰 엄마의 빈틈을 아이가 채워줄 때도 많다는 것을 잊지 말자.

아이가 해야 할 숙제를 엄마가 해줄 때 생기는 일들

문제는 '엄마가 나서서 다 해주는 태도'가 아이의 학교 과제뿐만 아니라
인생의 과제마저 엄마에게 맡기게 되는 습관으로 고착화될 수 있다는 거다.

'쏟아지는 수행평가, 악소리 나는 중고생·학부모'라는 제목의 신문 기사를 보며 나도 '억' 소리를 낸 적이 있다. 한 중학교 1학년 학생들의 수행평가 계획을 소개했는데 한 학기에 무려 50여 개의 수행평가를 진행해야 한단다. 더불어 수행평가 폭탄 속에서 곤욕을 치르는 엄마들의 불만이 높단다. 수행평가가 워낙 많기도 하지만 어쩌다 시험기간과 겹치게 되면 '우리 애만 못하면 어떻게 해?'라는 걱정에 엄마가 나서게 되는 일이 많아진다는 것이다.

초등학교 3학년 아이를 둔 경선 씨는 학년이 올라갈수록 아이의 성적에 민감해져 어깨가 무겁다고 했다. "현석이는 피아노 대회에서 상을 탔다면서요?" "재선이는 영재원에 합격했다면서요?"

다른 아이들이 잘했다는 말을 들으면 불안해 견딜 수가 없다고 한다. 아이를 일찍 가르치지 않아서, 좋은 학원에 보내지 않아서, 정보에 뒤처져서인 것 같아서 정신을 바짝 차려야겠다는 생각이 들었다고 했다. "제가 게으르고 마음이 독하지 못해서 아이가 자꾸 처지는 것 같아요. 학교든 학원이든 숙제란 숙제는 다 체크하고, 성적도 철저히 관리해야겠어요."

문제는 '엄마가 나서서 다 해주는 태도'가 아이의 학교 과제뿐만 아니라 인생의 과제마저 엄마에게 맡기게 되는 습관으로 고착화될 수 있다는 사실이다. 운전을 잘한다고 생각하는 사람이 운전대를 한번 잡게 되면 초보에게 넘겨주기 불안한 것과 마찬가지라고 할까?

아이 인생의 운전대를 엄마가 잡고 달리고 있다면?

누구나 '아이 인생의 운전대를 잡고 가야 할 것만 같은' 불안감이 있을 것이다. 하지만 아이의 삶의 과제를 하나둘씩 해주고 있는 것으로부터 손을 조금씩 놓아보는 건 어떨까? 인생은 수많은 과제의 연속이며, 결국은 아이가 스스로 해내야 하는 일이기 때문이다.

'자기결정력'이라는 말이 있다. 자기 스스로 원하는 것을 선택하고 책임질 수 있는 능력을 말한다. 자기결정력이 있는 아이는 능동적이고 책임감 있는 사람으로 자랄 수 있다. 목표 성취를 위한 자기만의 기준을 세우고 해야 할 것과 하지 말아야 할 것을 잘 판단할 수 있는 힘도 생긴다.

아이가 매사에 "엄마가 해줘" "엄마가 골라줘"라는 말을 자주 한다면 자기결정력을 기를 수 있도록 도와주자. 아이들이 미숙하거나 잘하지 못한다 싶으면 빛의 속도로 해결책을 척척 내놓거나 대신 해주는 경우가 많다. 하지만 불안하다고 다 해주기 시작하면 평생을 그 불안과 싸워야 할지도 모른다. 때로는 아이가 실수하고 실패하는 과정을 겪게 하는 것이 스스로 '도움닫기'를 해서 앞으로 나아갈 수 있는 법을 배우게 하는 길일 수 있다.

물론 자율성을 존중하겠다는 이유로 과도한 선택권을 주게 되면 자기 생각과 선택만 옳다고 생각하는 '독불장군'이 될 수도 있다. 그러므로 적당한 범위 내에서 아이의 선택을 존중해주고 지지해주자. 스스로 선택하게 되면 아이가 자신이 한 선택에 대해서는 책임지려 하는 의젓함을 보일 때도 많다. 그 경험을 통해 무엇이 잘못되었는지 배울 수 있고, 비로소 더 나은 선택도 할 수 있게 된다.

'실패'의 진짜 의미가 무엇일까? 가끔 이 실패라는 말이 아이에게는 어울리지 않는 것 같다는 생각도 든다. 실패는 '일을 잘못해서 뜻한 대로 되지 않거나 그르치는 것'이라는 뜻이다.

결국 잘하려고 했지만 되지 않았을 뿐이라는 거다. 그러니 뒤집어 생각해보면 도전하고 부딪혀 보는 것은 성장의 한 과정일 뿐이다. 실패는 오히려 박수쳐줘야 할 훈장일지도 모른다. 적절한 실패를 겪어봐야 스스로 해결책을 찾아보려 애쓰고, 내비게이션에 의존하지 않고도 씩씩하게 새로운 길을 찾아 나설 수 있다.

따뜻한 눈빛으로 지켜봐주고 믿어만줘도 생기는 일

딸이 7살이었을 때 밥을 오물오물 먹고 있는 모습이 너무 귀여워 "어쩜 엄마가 너를 이렇게 귀엽게 낳아줬을까?"라고 했던 적이 있다. 그랬더니 "엄마 배 속에서 크긴 했지만 내가 세상에 나온 거지!"라며 큰 소리를 쳤다. "그것도 맞는 말이네" 하면서 대견한 마음에 크게 웃었다.

아직 어리지만 그 한마디에서 '나'라는 한 사람의 존재 가치와 그 힘에 대한 믿음을 가지고 있는 '작지만 결코 작지 않은' 한 아이를 볼 수 있었다. 정말 그랬다. 내가 아이를 품고 있었지만 아이도 나를 엄마로 만들어주기 위해 죽을 힘을 다해 스스로 세상에 나오지 않았는가? 아이에겐 그런 힘이 있다.

아무리 아이를 사랑해도 아이의 인생을 대신 살아줄 수는 없다. 스스로 할 수 있게 지켜보고 믿어주고 기다려주는 것이 아이가 스스로 인생의 주인이 될 수 있는 기회를 주는 것이다. 나도 숙제나 공부 습관을 잡아주려 노력하긴 해도 아이가 '내 숙제야' '내 공부야'라는 생각을 가질 수 있도록 동기부여를 해주는 선에서 멈추고자 한다. 적정선에서 아이가 할 몫은 남겨놓는 것이다.

공부 시간이나 방식에 대해 같이 이야기를 나누고, 아이의 선택을 존중하려 한다. 그러다 보니 아이가 자신의 페이스에 맞춰 성장해나가고 있다. 아이가 여유를 가지고 자신의 인생을 살아갈 수 있도록 조금은 떨어져서 지켜보고 싶다.

● **아이의 자기결정권을 빼앗는 엄마의 5가지 습관**

1. 아이가 숙제를 잘했는지 확인하고 고쳐주기도 한다.
2. 아이가 밥을 잘 안 먹거나 늦게 먹으면 떠먹여줄 때가 많다.
3. 아이가 입을 옷의 대부분을 골라준다.
4. 아이의 친구 대부분을 만들어주거나 어떤 친구를 사귀어야 하는지 관여한다.
5. 아이의 공부 시간을 줄이기 위해 많이 도와주는 편이다.

착한 아이로만 키우려 하지 말자

감정을 표현할 줄 알아야 억눌린 감정도 소화제를 먹은 듯 한결 시원해질 수 있다.
착하기만 하기보다 할 말은 할 줄 아는 당당함이 있는 아이가 마음도 더 건강하다.

『착한 아이 사탕이』라는 동화가 있다. 사탕이는 언제나 어른들의 말을 잘 듣는 아이다. 무서워도 친구가 놀려대도 절대 울지 않는다. 왜 그럴까? 착한 아이니까. 그런데 어느 날 사탕이의 속마음이 말한다. "넌 왜 네 마음이랑 다르게 행동하니? 그동안 내가 얼마나 힘들었는지 알아?" 그제서야 사탕이는 울지 않고 화를 내지도 않은 이유에 대해 이야기한다. "착한 아이는 그러면 안 되거든."

사탕이처럼 어린 시절부터 지나치게 '말 잘 듣는 아이'들은 어떻게 될까? 자신보다 상대의 생각을 중요하게 여기며, 잘 따르고, 양보를 잘 하며, 거절은 제대로 못하는 사람이 될 수도 있다. 문제는 남에게는 좋은 사람이지만 정작 자신의 감정은 돌보지 못하는 '나쁜 사람'이 될 수도 있다는 것이다.

개그우먼 장도연 씨는 한 방송에서 어린 시절 '착한 아이 콤플렉스'에 빠져 있었다고 털어놓았다. 어머니가 평소에 "넌 괜찮을 거야. 착한 딸이니까"라는 말을 자주했는데 그 말이 '강박'이 되었나 싶었다고 했다. '하고 싶은 것'보다 '해야만 한다고 믿는 것'에 충실하려다 보면 부모가 세워놓은 기준에서 조금만 벗어나도 불안하다. 주변 사람들로부터 좋은 사람이라는 인정을 받아야만 잘 살고 있는 것 같은 생각이 들기도 한다.

이런 생각은 우리를 평생 따라다니며 생각과 행동을 통제하기도 한다. 누구나 '내가 되고 싶은 모습'이 있다. 그런데 '너무 착한 사람'이 되려고 애쓰다 보면 남이 원하는 모습에 자신을 자꾸만 끼워 맞추게 되기 쉽다. 그 과정에서 **때로는 절망적이고 고통스러운 감정을 느끼기도 한다. 자신의 진짜 욕구가 아니라 부모나 타인의 기대에 부응하기 위해 '거짓 자아'를 살아가고 있기 때문이다.**

착한 아이가 자라서
착한 엄마가 된다

왜 '착한 아이'가 되는 걸까?
아이를 '말 잘 듣는 착한 아이'와 '말 안 듣는 나쁜 아이'로 양분해서 생각하는 어른들 때문이다. 자신들이 세워놓은 기준에서 벗어나면 "쟤는 버릇없는 아이야" "말 안 듣는 아이야"라며 따가운 시선으로 바라보기 때문이다. "어른들 말 안 듣는 것 좀 봐. 커서 뭐가 되려고 그러니" 같은 비난의 말은 아이의 생각 속에 깊게 자리 잡게 될 수 있다. 그렇게 되면 부모나 다른 사람의 말에 순응해야만 '옳은 것'이라고 믿게 되어 점점 '자신이 생각하는 정답'에 가깝게 행동하게 된다.

"언니답게 행동해야지" "참는 게 오빠지" 같은 말로 지나친 책임감을 부여하는 경우도 마찬가지다. 부모가 평소 남의 시선을 많이 의식해왔거나 지나치게 착한 사람으로 살고 있다면 아이에게도 "네가 먼저 양보해라" "참는 게 이기는 거야"라며 '좋은 사람'으로 여겨질 수 있는 타이트한 도덕적 잣대를 들이대기도 한다.

탤런트 소이현 씨는 한 방송에서 큰아이 상담을 한 뒤 눈물을 뚝뚝 흘렸다. 아이가 '착한 아이 콤플렉스'를 가지고 있는지 점검해볼 필요가 있다는 말을 듣고 미안함이 쏟아져 나온 것이다. 소이현 씨 자신도 어린 시절 착한 아이로 살려고 노력했던 것 같다고 하면서 이런 말을 했다. "어렸을 때 저는 소리 내서 운 적이 없대요. 그랬던 제가 너무 싫었는데 제가 제 아이를 그렇게 만들고 있는 것 같아요. 힘들면 힘들다고 해도 되는데 언니다 보니 착한 딸로 만들어버린 것 같아요."

우리는 어떤가? 어린 시절 착한 아이가 되기 위해 감정을 꾹꾹 눌러 오진 않았는가! 아이들에게 또다시 그 힘든 길을 걷게 하고 있는 것은 아닌가? "넌 참 착한 아이야"라는 말의 굴레에 갇히다 보면 어른이 되어서도 "네가 참아" "괜찮다고 해"라고 말하는 사람이 내 안에서 끊임없이 말을 걸지도 모른다. 아이들, 너무 착하게만 키우지는 말자.

감정표현을 할 줄 아는 아이가 마음이 건강하다

초등학교 3학년인 희주는 편안한 표정과 부드러운 미소로 주변 사람들을 웃음 짓게 만드는 아이다. 느끼고 생각하는 것을 또박또박 잘 표현해서 친구들에게도 인기 만점이다. 정서가 안정된 아이는 행복이나 슬픔, 두려움 같은 다양한 감정을 자연스럽게 표현할 줄 아는데 희주가 그랬다. 가만히 지켜보니 희주는 엄마와 대화할 때도 즐거운 웃음이 끊이질 않았다.

희주 엄마의 이야기를 들어봤다. 희주 엄마는 유아기부터 아이가 잘못된 행동을 했을 때 "그건 안 되는 행동이야"라며 선을 그으면서도 희주가 "화가 나요" "속상해요"라며 감정을 표현할 때는 왜 그런 감정을 느끼게 되었는지 귀기울여주었다고 했다. 따뜻한 눈빛으로 바라보면서도 잘못된 행동을 고쳐주는 엄마의 균형 있는 태도가 뒤따를 때 아이들은 안정된 정서 상태로 자랄 수 있게 된다.

희주 아빠도 딸이 울면 그저 등을 토닥토닥해주면서 실컷 울 수 있도록 기다려준단다. 희주가 눈물을 닦고 아빠를 바라보면 "그래 이제 다 울었니?"라며 안아주었다고 한다. 아이 역시 자신의 감정의 흐름을 자연스럽게 따라가 슬픔을 느낄 자유가 있다는 생각에서다.

감정이 과잉되게 두자는 말이 아니다. 아이가 적어도 자신의 마음을 끝까지 들여다본 경험이 있어야 자신의 감정을 신뢰할 수 있다는 말이다. 부정적인 감정을 내비치더라도 '이 역시 아이가 느낀 감정의 일부구나'라며 인정해주면 아이도 자신의 감정을 아끼고 사랑할 수 있게 된다. 감정을 건강하게 표현할 수 있게 되는 는 것이다.

"애가 말대꾸를 하면 화가 나요"라고 말하는 엄마가 많다. 일반적으로 '말대꾸'는 어른에게 대드는 부정적인 말이지만 좋게 바라보면 '내 생각은 다르다'는 긍정적인 표현일 수도 있다. 버릇없는 말대꾸인지, 생각을 강하게 표현하는 말대꾸인지 구분하게 되면, 아이가 격한 반응을 보인다고 해도 그 감정에 쉽게 휘둘리지 않을 수 있다.

부정적인 감정을 표현한다고 해서 "그만" "뚝" 이렇게 자꾸 억누르다 보면 아이가 자신의 감정을 신뢰하지 못하게 된다. **때로는 실컷 울게도 해주자. “슬퍼요” “불쾌해요”라는 감정을 표현하고 싶어도 자신의 감정을 믿지 못하게 되면 숨기게 되고, 자신보다 엄마의 말을 절대적으로 믿고 따르는 ‘착한 아이’가 되어버릴 수도 있으니 말이다.**

착하게만 살려다 보니 표정이 없어져버린 동화 『착한 아이 사탕이』로 다시 가보자. 사탕이는 어떻게 되었을까? 결국 웃음을 찾는다. 어떻게 행복해졌을까? ‘속마음’이 ‘자신을 표현하는 법’을 알려주었기 때문이다.

아이가 화가 날 때는 화를 내고, 울고 싶을 때는 울고, 싫을 때는 싫다고 할 수 있도록 해야 한다. 자신의 감정을 솔직하게 표현할 줄 알아야 억눌린 감정들이 소화제를 먹은 듯 한결 시원해질 수 있다. 착하기만 한 아이보다 할 말은 할 줄도 아는 당당함이 있는 아이의 마음이 더 건강한 이유다.

작가 생텍쥐페리가 “배를 만드는 법을 가르치지 말고
푸른 바다를 꿈꾸게 하라”고 말했던 것처럼
아이는 실수하고 넘어지는 경험도 해볼 권리가 있다.

무엇이든 부담이 크면 즐기기 힘들다. 육아도 마찬가지다. 나도 모르게 남과 비교하게 되고 부족한 엄마 같아 자책하고 있는가? 이제 육아에서 조금만 힘을 빼보면 어떨까? 좋은 엄마라면 '이래야만 해'라고 세워놓은 기준이 많았다면 줄여보자. 반드시 지금 하지 않아도 될 일은 미뤄보기도 하자. 때로는 '우리 아이는 내가 제일 잘 알지'라는 마음으로 상황에 맞는 편안한 육아법을 찾아보면 어떨까? 정답은 아니라도 '나만의 명답'일 수 있을 것이다. 엄마의 삶에 쉼표가 많을수록, 엄마가 덜 힘들수록 아이와 더 오래 마주보고 활짝 웃는 날도 많아진다.

3장

육아에서 힘을 빼면 생기는 일들

버릴 줄 아는 엄마가 행복한 아이로 키운다

피로도를 높이는 일상, 과한 소비습관, 머릿속의 복잡한 생각들을
조금씩 버릴수록 행복을 채울 수 있는 마음의 공간은 더욱 커질 것이다.

조용한 시골 마을에 살고 있는 지인이 있다. 집들도 띄엄띄엄 있을뿐더러 초등학교와 편의시설이 집에서 멀리 있어 불편하기도 하지만 예전보다 이 말을 자주 한다고 한다. "아~좋다."

마당이 있는 집에서 사니 봄에는 아이들과 텃밭을 가꾸고, 여름이면 간이 수영장도 만들어 놀게 하고, 가을에는 시원한 바람을 맞으면서 야외에서 식사도 하고, 겨울이면 눈싸움도 하다 보니 행복지수가 높아진 것 같다는 것이다.

그러면서 지인은 이렇게 말했다. "사는 게 별거 있어? 하루하루 마음 안 쫓기고 몸 안 힘든 게 최고지." 도시에 살다가 시골로 이사를 결심한 건 남편이 아프면서부터였다. 무역업을 하던 남편이 무리해서 일하던 탓에 허리에 병이 나는 바람에 제대로 앉지도 못하고 너무 괴로워하는 모습을 보고서는 시골로 이사가는 것을 생각했단다.

"돈을 덜 벌면 아끼면 되지. 남편한테 일하지 말고 좀 쉬라고 했어. 건강이 더 중요하지." 집은 작아졌지만 넓은 마당을 가질 수 있게 되었고, 생활의 편리함은 줄었지만 당장이라도 쏟아질 것만 같은 수많은 별들을 자주 바라보면서 마음의 여유는 훨씬 커졌다고 한다.

단순한 생활방식은 삶에 쉼표를 선물한다

무엇이든지 과잉인 현대사회의 높은 피로도 때문에 '미니멀 라이프'가 관심을 모으고 있다. 불필요한 물건이나 일 등을 줄이고 일상생활에 꼭 필요한 물건으로 살아가는 단순한 생활방식이 시간과 마음의 여유를 더 크게 만드는 것이다.

핫한 육아용품과 좋은 음식, 교육방법에 이르기까지 선택하고 고민해야 할 것들과 해야 할 것들로 하루 스케줄이 꽉꽉 차 있는 일상, 집안에는 쌓여가는 물건 때문에 발 디딜 틈이 없다. 그러다 보면 정작 놓치고 마는 것들이 생긴다. 바로 우리 삶에서 '진짜 중요한 것을 잘 챙기고 있는가'라는 질문이다.

지인이 시골로 이사를 간 것은 인생에서 중요한 것을 놓치지 않겠다는 의지였다. 남편의 건강을 챙기면서 아이와 자연에서 뛰어놀 수 있는 자연친화적인 삶을 살겠다는 2가지 목표라도 이루자는 것이었다. 나머지는 '해도 좋고 안 해도 큰일 나지 않는 것'으로 여기고 삶의 목표도 확 줄이니 마음이 한결 가벼워졌다고 했다.

우리의 삶은 늘 뭔가로 가득 차 있다. '무엇이 필요한가?' '무엇을 더 사야 할까?' 등의 고민들이 우리의 소중한 시간에 꽉꽉 채워져 있다. 더 좋은 물건과 더 좋은 학원을 찾기 위해 스마트폰을 뒤지며 시간과 노력을 들이고, 상품 입고를 알리는 문자 메시지와 택배 도착을 알리는 초인종 소리에 즉각 반응하고, 끊임없이 무언가를 고민하다 보니 우리의 뇌도 쉴 틈이 없다. 그러다 보니 삶의 쉼표도 점점 사라지게 된다. 특히 뇌는 정보를 그 중요성과 상관없이 머릿속에 저장하기 때문에 너무 많은 것에 신경 쓰게 되면 정작 급한 일에는 집중할 수 없게 된다. 이것이 바로 '정보단식'이 필요한 이유다.

그렇다면 우리 자신에게로 질문을 돌려보자. 가족과 아이를 위해 '이것은 놓칠 수 없어'라고 생각하고 있는 것은 무엇인가? 몇 가지만 심플하게 정리해보자. 일상에서 피로도를 느끼는 부분은 무엇인가? 무엇을 조금씩 줄여보면 좋을까?

덜 애쓰고도
더 즐길 수 있는 법

『미니멀 육아의 행복』이라는 책에서는 미니멀 육아법의 핵심으로 '부모로서의 결정에 확신을 갖는 것'과 '내 아이를 믿는 것', 이 2가지를 강조한다. 성공적인 부모 노릇이 아니라, 부모의 가치관에 따라 중요하다고 생각하는 것에 '선택과 집중'을 해서 육아를 단순화해야 부모뿐만 아니라 아이의 인생도 더 행복해질 수 있다는 것이다.

요즘 엄마들은 '모든 것'을 완벽하게 해내야 한다는 의무감으로 생각이 가득 차 있어 머릿속이 너무 복잡하다. 일주일에 몇 번은 근사한 저녁을 만들어 가족에게 대접해야 하고, 남들 보기에 부끄럽지 않은 집안 모양새도 갖춰야 한다. 그뿐만이 아니다. 외모도 완벽하게 가꾸어야 한다는 강박관념이 크다. 하지만 이 책에서는 이 모든 것들을 버리라고 말한다. 주변 사람들의 말에 휘둘리지 말고 모든 것들을 훌륭하게 다 해내겠다는 마음도 접으라고 한다.

이 책은 '덜' 애쓰고 조금 '더' 즐기며 사는 삶을 통해 일상이 어떻게 바뀔 수 있는지 이야기한다. 몇 가지를 소개하면 다음과 같다.

- 좀더 쉽게 결정을 내릴 수 있다.

- 스케줄표는 더이상 '해야만 하는 일들' 목록으로 꽉 채워지지 않는다.
- 집은 창조적인 프로젝트를 위한 베이스캠프가 된다.
- 아이들은 학교 활동과 공부 사이에 자유 시간이라는 완충재를 갖게 된다.
- 긴장을 풀고 아이들이 자라는 기적을 즐길 수 있다.

엄마가 삶의 쉼표를 누리면서 더 많이 웃을 수 있는 인생을 살수록 그런 엄마와 함께 누리는 아이의 삶도 활기로 가득하지 않을까? 피로도를 높이는 일상도, 과한 소비습관도, 머릿속을 가득 채우고 있는 복잡한 생각들도 조금씩 버릴수록 행복을 채울 수 있는 마음의 공간은 더욱 커질 수 있다.

내 방식대로 육아, 의외로 편안함을 준다

더 많이 웃고, 눈을 마주치고, 행복한 순간들을 함께 경험하는 것이 중요하다.
덜 힘들면서도 행복한 내 방식대로의 유연한 육아 방식을 찾아보자.

"육아서대로 잘 안 돼요." "우리 아이에게는 잘 안 맞아요." 이렇게 말하는 엄마가 많다. 육아서는 전문가와 고수들의 지혜를 담은 보석상자지만 내게 맞지 않는 것도 분명 있다. 아이들의 기질이나 발달 속도, 형제자매 관계도 다른 데다 가정환경과 부모의 성향까지 제각각이다. 유전적인 것 외에도 양육환경과 부모 인생의 가치관도 다르다 보니 아이를 키울 때 중요시하는 기준도 다를 수밖에 없다. '100명의 부모에게 100개의 육아관'이 있을 수 있다는 이야기다.

하지만 육아관이 각기 달라도 중요한 것은 있다. 대표적인 것이 바로 일관성과 융통성이다. 한 번 정한 것을 흔들리지 않고 밀고나가는 뚝심을 가지는 것이 중요하다. 부부가 육아관을 정했다면 서로 조율해서 바꾸기 전에는 일관성을 가지고 유지하는 게 좋다. 육아관이 이리저리 흔들리면 어느 장단에 춤을 춰야 할지 모르는 아이를 혼란에 빠뜨릴 수 있기 때문이다.

그러나 육아가 '한 사람'을 키우는 일이다 보니 정답은 없다. 따라서 아무리 일관성이 중요하더라도 예외는 있다. 아이와 부모의 특성과 상황에 맞춘 유연성과 융통성을 가지는 것도 중요하다. 그러니 100명이 다 맞다 해도 때로는 '우리 애는 내가 제일 잘 알지'라는 마음으로 '엄마표 육아특허'를 만든다 생각하고 내 상황에 맞는 육아 방식을 세워보면 어떨까? 영화를 보다 보면 열린 결말로 끝이 나 그 뒤가 궁금해질 때가 있다. 그 이야기를 만들어보자.

엄마의 육아강점은 반드시 있다

'자기주도학습'이라는 것이 있다. 자기주도학습은 '공부를 왜 하는지 생각하고, 공부를 어떻게 할 것인지 방법을 찾아 잘했는지 스스로 평가까지 하는 것'을 말한다. 육아도 일맥상통하는 부분이 있다. 육아도 내가 하는 것이기 때문이다. 자기주도학습도 '동기부여'가 중요한 것처럼 남편의 관심과 격려, 참여가 있으면 육아도 더 즐겁게 할 수 있다.

육아서에서 좋은 정보를 '득'하는 것은 물론 중요하다. 하지만 좋다는 것을 다 실천하지 못했다고 해서 자괴감에 빠질 필요는 없다. 경제적 상황과 시간적 여유, 체력, 남편의 육아 참여도뿐만 아니라 아이의 기질과 나의 성향까지 생각해 '이건 무리일 수도 있겠다' 싶은 것들도 생각해보자. 공부도 나만의 공부환경과 방법을 찾는 게 중요한 것처럼 남 보기엔 서툴러 보여도 내가 즐거울 수 있는 방식으로 나만의 육아방법을 찾아가는 것도 중요하다.

잊지 말아야 할 점은 아무리 엄마 역할이 중요하다 해도 엄마 역시 잘하는 것도 있고 못하는 것도 있는 한 사람일 뿐이라는 것이다. 못하는 것에 초점을 맞출수록 '못난 엄마'인 것 같아 자신감이 바닥을 치더라도, 못하는 것 천지라도, 육아 강점은 반드시 있다. 육아에서 나만의 강점을 자주 발휘할수록 양육효능감이 높아질 수 있다는 것을 기억하자.

엄마와 아이의 특성과 강점을 접목한 '환상의 케미'를 만들어보는 것 역시 엄마는 덜 힘들고, 아이는 더 즐거운 육아를 만들 수 있다. 나는 아이를 '끼고 앉아서' 공부를 잘 가르치는 엄마는 아니지만 짧은 시간이라도 즐겁게 배울 수 있게 할 수 있는 아이디어가 자주 떠올라 적용해보면서 쏠쏠한 효과를 보기도 한다.

초등학교 고학년인 아들이 영어 단어를 외울 때도 그랬다. 노래를 좋아하고 리듬감이 좋은 아이의 특성을 살려 노래하듯이 리듬을 타며 스펠링을 말하면서 즐겁게 공부했다. 아들도 "이렇게 공부하니까 너무 재미있어"라고 하면서 춤까지 추며 금세 외우곤 했다. 엄마가 미술을 좋아한다면 그림을 같이 그리며 미적 감각을 길러줄 수 있고, 독서를 좋아한다면 함께 책을 읽으며 세상을 보는 눈을 길러줄 수 있다.

다른 엄마와 비교하지 않고 눈치보지 않기

'남이 하는 만큼 나도 해야만 좋은 엄마'라는 생각에 괴로운 엄마를 2번 아프게 하는 게 있다. 왜 저 엄마는 애를 저렇게 키우냐는 주변의 시선이 그것이다. 엄마들 사이에서도 보이지 않는 기준이 세워져 있는 것이다.

나는 남편 회사와 가까운 곳으로 이사를 가느라 소위 '명문학군' 인근에 자리를 잡게 되었다. 아이가 공부를 잘하면 엄마 역할을 잘하고 있다는 '인정'을 받는 무언의 분위기가 있어 왠지 모를 부담감도 느껴졌다. 그런 불안감은 나만의 육아철학을 흔들기도 했다.

"비교가 불행의 시작"이라는 말처럼 건전한 비교는 현재 위치를 확인하고, 나아가야 할 때 필요한 동력이 되기도 한다. 하지만 나에게 없는 것을 열등감으로 받아들이고 무리하게 쫓아가려다 보면 상대적인 '박탈감'이 커질 수밖에 없다. 육아관에 맞는 소신을 갖는 것도 중요하다.

금융권에서 일하는 한 워킹맘도 이런 고민을 말했다. "퇴근하고 오면 너무 피곤한데 애들 공부까지 신경 써야 하니 스트레스가 많아요. 다른 애들이 워낙 학원을 많이 다니니 우리 애들을 안 보낼 수는 없는데 제가 공부를 봐주기는 힘들고, 그렇다고 애들을 그냥 두면 방치하는 것 같아서 조바심만 나요." 아이에게 쏟을 에너지는 없지만 '남만큼'은 해야 한다는 생각으로 '이상과 현실' 사이에서 괴로웠던 것이다.

그 워킹맘을 다시 만났을 때는 기분이 가벼워보였는데 이유가 있었다. "저 하던 대로 아이들을 키우기로 했어요. 남들 따라가려니 힘들어 못 살겠더라고요." 스트레스를 덜 주면서 키워야겠다고 생각했었는데 남의 기준을 따라가다 보니 육아의 리듬을 넘어 삶의 균형까지 흔들렸던 것이었다.

맞지 않는 옷을 벗은 편안함이었을까? 표정이 한결 환해보였다. 아이들에게만 매달리지 않고, 친정어머니에게 아이들을 부탁하고, 가끔 저녁에 친구도 만나고 운동도 한다면서 말했다. "왜 이렇게 힘들게 아등바등하면서 저를 괴롭혔나 싶어요. 지금은 얼마나 마음이 편한지 몰라요."

아이들은 "너, 이만큼 잘해야 해"라며 부모가 높은 기준을 굳이 알려주지 않으면 내가 서 있는 곳이 낮은 곳이라는 생각으로 불안해하지 않는다. "어서 올라와야 해"라며 다급해하는 엄마의 목소리가 오히려 불안감을 키운다. 그 워킹맘은 자신에게 투자하고 좋아하는 일에 몰두하면서도 가족의 상황과 페이스에 맞는 적절한 삶의 방식을 찾아가고 있었다.

하루하루의 행복이 모여 인생이 된다. 다른 사람과의 비교를 멈추는 것에서 행복이 시작된다. '이 정도면 잘 하고 있어'라고 나를 다독여주자. '누가 나보다 우리 애를 더 잘 알까'라는 자신감도 가져보자. 무엇보다 중요한 것은 더 많이 웃고, 눈을 마주치고, 행복한 순간들을 함께 경험하는 것이 아닐까? 덜 힘들면서도 행복한 내 방식대로의 유연한 육아 방식을 찾아보자.

나도 바꾸기 힘든 내 성격!
아이도 억지로 바꾸려 하지 말자

아이는 자신과 다른 엄마라는 세계를 경험하고, 엄마도 인식하지 못했던 자신을 아이를 통해 바라보게 되면서 인격적으로 성장해나갈 수 있다.

드라마에서 아이 문제로 부부싸움을 할 때 자주 등장하는 대사가 있다. "쟤가 당신 닮아서 저 모양 아니야." 그런데 아이가 이 말을 들으면 "그렇게 태어난 걸 어떻게 해요"라며 억울해할지도 모르겠다. 왜냐하면 아이가 태어날 때부터 보이는 성격상 특징을 '기질'이라고 하는데 "거저 키웠다"라고 할 만큼 순둥이가 있는 반면, 엄마의 진을 다 뺄 정도로 예민한 아이도 있기 때문이다. 아이마다 제각기 다른 성향과 에너지를 가지고 있는 것이다.

대체로 순한 아이, 느린 아이, 까다로운 아이, 이렇게 3가지로 나누지만 여러 기질이 복합적으로 나타나기도 한다. 기질이 엄마와 많이 다를 때 육아 스트레스가 극대화되는 경우가 많다.

하지만 누군가와 자주 갈등을 빚게 되더라도 "저 사람은 타고나길 저렇구나" "원래 성격이 그래서 당장 바꾸긴 힘들겠구나"라고 생각해보면 "그래서 저렇게 말을 했구나" "저런 행동을 하는구나"라고 이해하게 되고, 예전보다 화가 덜 나게 된다. 그러니 아이를 더더욱 그런 공감의 눈으로 바라보는 것이 중요하다.

단점도 장점으로 바라보는 역발상 육아가 필요한 이유

그래서 필요한 것이 바로 '역발상 육아'다. 아이의 기질을 바꾸기는 쉽지 않지만 엄마의 양육 태도와 환경, 집안 분위기 등 후천적인 환경은 바꿀 수 있다. 이 후천적인 것들도 아이들의 기질 형성에 중요한 역할을 한다고 한다.

하지만 당장 아이를 바꿔보겠다고 통제하거나 다그치는 것은 엄마의 욕심이다. 아이의 타고난 모습을 받아들이게 되면 "넌 누굴 닮아서 이렇게 까다롭니" "넌 왜 이렇게 느려터졌니" 같은 말을 하지 않을 수 있다. 내가 원하지 않는 모습이라도 비난하지 않을 수 있는 것이다. 어떻게 할 수 없는 일을 자꾸 지적당하면 아이의 자존감만 떨어지기 쉽고, 엄마 역시 상황을 바꿀 수 없다는 무력감만 커질 수 있다.

서로가 너무 다르더라도 이해하고 함께 어우러질 수 있는 힘이 바로 공감이다. 나와는 다른 속도로 걷고 다른 눈으로 세상을 바라보는 아이를 이해하려고 노력하는 것, 나도 바꾸기 힘든 내 성격인데 아이도 억지로 바꿀 수는 없다는 생각을 입장 바꿔서 해보는 것 모두 공감하는 마음이다.

아이의 상황과 감정을 공감하게 될수록 단점도 장점으로 바라볼 수 있게 된다. "믿는 대로 자라는 것이 아이"라는 말처럼 부족하다고 느끼는 것도 장점으로 바라보는 엄마가 있다면 아이들이 긍정적인 방향으로 변할 때도 많다.

예를 들어 시끄러운 소리에 예민한 아이에게는 "왜 이렇게 소리에 민감하니?"라는 비난보다 "소리를 잘 들으니까 훌륭한 음악가가 될 수 있겠어"라고 말해보자. 냄새에 민감한 아이에게는 "요리사 못지 않은 후각을 가졌구나"라고 말해보면 어떨까? 단점으로 보이는 것도 생각에 따라 장점이 될 수 있다

엄마와 아이, 각자의 성향과 욕구의 접점을 찾아보자

엄마와 아이가 정반대의 기질을 가지면 서로 부딪힐 때가 많다. 예를 들어 엄마는 성격이 급하고 충동적인데, 아이는 조심성이 많고 신중하다. 엄마는 "이것 한

번 해볼래?" "이게 왜 무서워. 재미있기만 한데"라며 아이를 독촉할 때가 많고, "빨리 빨리"를 입에 달고 살기도 한다. 하지만 느린 아이는 뭐든지 발동이 늦게 걸린다. 차분한 놀이를 좋아하고 조심성도 많은데 엄마와는 뭐든지 반대다.

성격 급한 엄마는 느린 아이가 답답하다. 그래서 자꾸 다그치거나 "그것도 못해"라며 비난한다. 그럴수록 아이는 "난 잘 못 해"라고 말하며 자신감이 떨어지게 된다. 조심성이 많은 자신의 성격에 문제가 있다고 여기게 될지도 모른다.

한 지인은 느린 아이가 답답해서 "난 너랑 못 살겠어. 이제 할머니랑 살아"라면서 윽박을 질렀단다. 그런데 아이가 훌쩍이면서 이렇게 말했다고 한다. "알겠어요. 엄마… (훌쩍) 그럼, 짐을 싸야 하는데 할머니는 언제 오시나요?" 조심성 많고 신중한 성격인 아이가 엄마가 답답해 던진 말을 진심으로 받아들이고 마음의 준비까지 했던 것이다. 엄마는 눈을 흩뿌리기만 했다 싶었는데, 아이는 커다란 눈덩이에 맞은 것처럼 아플 수도 있는 것이다.

성향과 에너지뿐만 아니라 활동성에서 차이가 큰 경우도 있다. 아이는 활동적이고 에너지가 넘치는데, 엄마는 차분한 상태를 좋아해 쉽게 지치는 경우다. "놀이터에 가서 놀자"라고 하는 아이의 요구를 매번 들어주다 보면, 갈 때는 좋은 마음으로 갔다가도 돌아올 땐 지치고 힘들어하는 경우가 많다. 마음 같아서는 언제든 질리도록 놀아주고 싶지만 결국에는 아이에게 맞추려다 진이 빠져 "엄마 놀러가자"라는 말만 들어도 스트레스를 받는다.

하지만 아이와 내가 가진 특성이 다르다는 것을 알게 되면 무조건 아이에게 맞추려 하지 않을 수 있고, 무조건 "안 돼"라고 말하지 않을 수 있다. 각자가 바라는 것의 접점을 찾아나가면서 덜 지치면서도 즐겁게 보낼 수 있는 말랑말랑한 아이디어도 찾을 수 있게 된다. 이는 나와 다른 존재를 이해하는 마음에서 비롯되는 지혜다.

아이를 키우는 것에서 나아가 우리는 '아이와 함께 살아가는 것'이다. 타고난 기질도 자라온 환경도 다른데 이런 엄마와 아이들이 만나 부조화 속에서 조화를 이뤄나가면서도 가끔은 불협화음이 나는 것은 너무나 자연스러운 일이다. 서로의 목소리에 귀 기울이고 각자 다른 음색에도 집중하면서 따로, 또 같이 소리를 내면서 어우러지는 게 가족이다.

아이는 자신과 다른 엄마라는 세계를 경험하고, 엄마도 인식하지 못했던 자신을 아이를 통해 바라보게 되면서 인격적으로 성장해나갈 수 있다. 그것이 인생을 살아가는 공부이며 진짜 부모가 되어가는 과정이 아닐까?

남의 기준에 아이를 애써 맞추려 하지 말자

우리 아이를 얼마나 '잘 키웠나'로 엄마 성적표를 매기지 말자.
아이의 인생은 부모를 위한 오디션이 아님을 명심하자.

고등학생인 승현이는 요즘 엄마의 전화를 받는 횟수가 유독 줄었다. 엄마는 공부하느라 바빴겠거니 하면서 그냥 넘겼는데, 집에 돌아와서도 자꾸 대화를 피하려고 한다는 것이었다. 처음에는 누구나 겪는 '사춘기가 늦게 왔구나'라고 생각하면서 이해하려고 했지만 엄마가 물어보는 말도 얼버무리고 눈도 안 마주치려는 모습을 보며 너무 야속했단다.

그러던 어느 날 아이의 방을 청소하다가 아이의 노트에 써 있는 낙서를 우연히 보게 되었는데 실망감이 몰려왔다고 했다. '다 힘들고 모든 걸 그만두고 싶다. 나는 쓸모없는 인간일까? 엄마한테 아무 말도 하기 싫고 싸우기도 싫다. 공부 없는 세상에서 살고 싶다.' 격정적인 감정이 드러나는 듯 두서없이 휘갈겨 쓴 글을 보면서 도저히 이해가 안 되었다고 하면서 말했다. "1등을 하라는 것도 아니고 보통만 하라는 거예요. 다른 아이들처럼."

알고 봤더니 승현이는 전국에서 모여드는 소위 공부 잘하는 아이들만 다니는 학교에 다니고 있었다. 어릴 때부터 주변에서 "아들이 왜 이렇게 똑똑해요. 엄마가 어떻게 했길래"라는 부러움을 숱하게 들었다. 유치원 시절부터 영어에 수학에 과학에 스케줄을 짜서 가르치고, 여행을 다녀와서 피곤해해도 소풍을 다녀온 뒤에 잠들면 깨워서라도 숙제며 시험이며 빈틈없이 시켰다고 했다. 하지만 남들처럼 1등만 강요하는 엄마이고 싶지는 않아 했던 말이 "다른 애들만큼만 해"였다.

부모의 과잉기대는 대물림되기도 한다

너무 높은 기준을 제시할 때 아이는 어떻게 느낄까? 꼭 최고가 되라고 말하지 않더라도 부모의 기대가 아이의 능력 이상으로 높으면 부담이 되고, '기대에 부응하지 못하면 어떡하지'라는 불안으로 바뀔 수 있다.

물론 적당한 기대를 받으며 칭찬과 인정을 받는 경험을 하게 되면 아이들도 거기에 부응하기 위해 노력해나가며 성취의 기쁨을 느낄 수도 있다. 하지만 과잉기대는 다르다. 늘 부모가 원하는 높이만큼 올라갈 수 없는 좌절감과 실망감을 극복하고자 애만 쓰는 외로운 싸움이다. 그래서 높은 곳을 향해 제대로 올라서기도 전에 지쳐서 포기선언을 하게 되는 것이다.

부모가 '과잉기대'를 하게 되면 아이는 자신을 엄격하게 평가하기 쉽다. 더 나아가 '난 완벽해야 해' '잘 해야 해'라는 신념을 가지고 지나친 완벽주의자가 될 수도 있다.

물론 자신의 역량보다 너무 높지 않은 기준을 잡고 노력해나가며 성취하는 것에서 기쁨과 보람을 느끼는 완벽주의는 건강하게 성장해나가는 에너지가 될 때도 있다. 그런데 남의 평가가 노력의 기준이 되면 자신의 성취보다는 다른 사람의 평가를 민감하게 받아들이게 된다. 또한 늘 높은 기준에 맞추려 애쓰다 보니 결과가 그에 미치지 못했을 때 열등감을 느끼게 되고 '나는 가치 없는 사람이야' '나는 쓸모 없는 아이야'라며 자신의 존재 가치조차 낮게 평가하기도 한다.

승현이의 엄마도 어린 시절 비슷한 경험을 가지고 있었다. 반에서 1등을 하면 아버지가 칭찬해주셨지만 등수가 좀 내려가면 "수고했다" "열심히 했네"라는 말 한마디 없어 속만 상할 뿐이었다. 그래서 아버지의 기대에 부응하기 위해 더 아등바등하며 학창 시절을 보냈다고 했다. 1등을 해서 칭찬을 받으면 날아갈 듯 기뻤지만 등수가 조금만 내려가도 열등감을 느꼈다.

엄마가 되면 그런 과거를 되풀이하지 않으려고 '난 성적에 연연하는 엄마는 안 될 거야'라고 결심했었지만 아이러니하게도 마음처럼 되지 않았다. 자신도 모르게 "남들 만큼만 해"라는 말로 아이에게 또 다른 높은 기대를 걸고 있었던 것이다. '나는 아버지와 다르다'라고 자기합리화를 하면서.

어린 시절 공부나 재능에 목을 맸던 부모에게 인정받으려 안간힘을 썼던 경우, 무엇이든 잘해야 한다는 기대를 한몸에 받았던 경우, 부모가 되어서도 완벽주의 양육태도를 대물림하는 경우가 많다. '나는 아니야'라고 생각하면서도 그 전철을 밟고 있진 않은지 생각해보자.

아이들이 저마다의 기준이 될 수 있다면

우리 사회는 '보통'의 기준이 너무 높아져 있다. 아이들은 깡마르고 인형처럼 예쁜 외모의 '아이돌'을 보면서 자신의 외모와 체형에 불만을 가진다. 어떤 엄마는 SNS를 통해 자신의 재력을 자랑하기도 하고, 아이가 받은 상들을 잔뜩 올려 대대적으로 광고하기도 하니 우리 아이만 너무 더디게 가고 있는 것처럼 느껴지기 쉽다.

'남들 만큼' '적당히'라는 말도 이미 높은 기준이 되어버린 것 같다. 하지만 '적당히'의 기준이 너무 높다 보면 아이도 엄마도 '만족'은 없고 '바라는 것'만 계속되는 욕구의 갈증 상태에 놓이게 될 뿐이다.

저녁 무렵 버스에서 아들에게 전화로 화를 내던 한 엄마를 본 적이 있다. "지금이 몇 시인데 안 일어났어? 아직 학원 안 갔어? 또 지각하면 이제 너한테 투자 못해!! 알았어?"

이 엄마에게 아이를 위해 들인 시간과 돈과 노력은 이미 '투자'라는 의미로 여겨지고 있었다. 투자를 했으니 그만큼 결과를 못 냈다고 생각되면 손해를 보는 것 같지만 손을 떼기는 늦은 것 같으니 점점 바라는 것도 많아질 수밖에!

아이에 대한 기대가 높을수록 거기에 부응해 엄마 자신의 역할도 많이 부여해 잘해내려는 마음도 크다. 최고의 학원과 좋은 선생님을 알아보고, 체력을 보충해줄 영양식도 잘 챙겨줘야 한다. 해야 할 일들로 넘쳐 나니 엄마도 덩달아 힘들다.

공부든 재능을 키우는 일이든 좋아하는 일을 잘할 수 있도록 동기부여하면서 적절한 기대감을 갖는 것은 아이의 발전에도 긍정적인 영향을 미친다. 하지만 그것이 과잉기대가 되는 순간, 스스로가 아니라 이미 부모의 평가가 중요한 기준이 된다. **아이의 인생은 부모를 위한 오디션이 아니다. 공부에 재능이 있는 아이도 있고, 개그 본능이 충만한 아이도 있으며, 노래할 때 가장 행복한 아이도 있다.**

때로는 '잘하지 않더라도' 얼마나 즐길 수 있는지, 얼마나 많이 웃었는지, 얼마나 크게 성장했는지 또는 저마다 자신의 인생 스토리에서 빛날 수 있는 주인공이 될 수 있다는 것도 생각해보면 어떨까? 그러면 우리도 얼마나 '잘 키웠나'로 엄마의 성적표를 매기지 않고 아이와 행복한 일들을 더 많이 만들고 누릴 수 있는 일상을 더 즐길 수 있지 않을까?

지금 하지 않아도 될 일은 나중으로 미루자

중요하지 않은 일은 뒤로 미뤄도 큰일나지 않는다는 생각으로 한 번에 하나씩 집중하는 것이 삶에서 중요한 것들에 에너지를 쏟을 수 있는 힘과 여유를 준다.

육아는 변수의 연속이라 계획적으로 움직이기 힘들 때가 많다. 그러다 보니 '뭐든 제때 하지 않으면 안 된다'는 중압감을 느낄 때도 많다. 아이들이 유치원이나 학교에서 돌아오기 전에 집안일을 많이 해놓아야 한다는 생각에 시간에 쫓기는 듯한 긴장감을 느끼곤 한다. 그러다 보니 일 처리가 계속 늦어지다 보면 '저 일을 언제 다 하지?'라는 걱정이 떠나지 않는다.

자기계발서를 보면 대부분 '미루지 말고 지금 실천하라'는 메시지를 강조하고 있다. 하지만 육아도 집안일도 완벽하게 하는 것은 현실적으론 불가능하다.

그렇기 때문에 때로는 '합리적인 미루기'가 엄마의 시간을 좀더 여유롭게 만들어줄 수도 있다. '수많은 할 일 목록' 가운데 반드시 지금 하지 않아도 되는 일들을 찾아보자.

합리적인 미루기가 필요한 순간이 있다

살다 보면 '지금 다 하는 것'보다 '합리적인 미루기'가 필요할 때가 있다. 그 중 하나가 좋은 학원 또는 인기 높은 체험 교실이나 캠프 같은 곳들이 있다고 하면 일단 줄부터 서고 보는 거다.

홈쇼핑에서 '매진 임박'이라는 말을 듣고 혹하게 되면 꼭 사지 않아도 될 상품을 일단 사고 보는 '충동구매'로 이어지는 것처럼 아이들을 더 좋은 곳, 교육효과가 뛰어난 곳에 보내고 싶다는 마음으로 일단 줄을 서고 볼 때가 있다. 마음이 급하니 '우리 아이에게 잘 맞을 만한 곳인가?' '비싼 돈과 시간을 들여도 될 만한 곳인가?'를 신중하게 판단하지 못할 때도 있다.

문제는 줄을 선 게 아까워서 일단 보내는 경우도 많다는 것이다. '반드시 지금인가?'를 생각해볼 여유를 가지기 위해서라도 합리적인 미루기는 필요하다. 불안한 상태에서는 이성이 흔들리고, 안 시키면 안 될 것 같고, 이번에 못 보내면 우리 애만 뒤쳐질 것 같은 감정이 앞서게 된다.

그러면 애꿎은 아이만 엄마의 '감정적인 선택'으로 시행착오를 겪어야 한다. 감정이 소용돌이 칠 때는 적어도 감정이 가라앉은 뒤로 결정을 미루는 것이 어떨까? 머리가 복잡할 때도 일단 생각을 멈추고 뒤로 미루는 것도 좋다. 아무런 인지적 사고를 하지 않는 '무자극적 사고'의 상태에서 뇌의 특정 부위가 바쁘게 움직여 갑작스럽게 좋은 생각이 떠오르기도 하기 때문이다.

아플 때도 미루기는 필요하다. '오늘 하기로 한 일은 오늘 다 해야 해'라는 압박감이 크면 아픈 몸을 이끌고 고무장갑을 끼게 된다. 하지만 '내 몸 돌봄'을 우선순위에 두고 호전되었을 때 속도를 내면 오히려 더 빨리 끝낼 수도 있다. 아이를 돌보고 집안일을 하는 것이 급한 것이 아니다. 가만히 생각해보면 그저 다 끝내야 한다는 내 마음 때문에 조급하게 느낄 때가 많다.

생각해보자. 반드시 지금 하지 않아도 될 일은 무엇인가? '합리적인 미루기'를 할 수 있어야 엄마의 삶도 숨통이 트일 수 있다.

동시에 많은 것을 할 수 있다는 생각에서 벗어나자

"요즘, 자꾸 깜빡깜빡해요. 할 일은 많고 정신은 없고 뭐든 집중해서 진득하게 할 시간이 없어요." 우리는 매일같이 정신없이 바쁘고 할 일은 끝이 없는 것이 엄마의 삶이라며 한탄을 하고 있는지도 모른다. 그럴 만한 것이 청소 좀 하려고 하면 어린이집에서 아이를 데려와야 할 시간이고, 자기계발 좀 하려고 하면 밀린 집안일이 떠올라 집중하기 쉽지 않다.

『타임 푸어』라는 책에서 브리짓 슐트Brigid Schulte는 현대인의 가장 큰 고통 중 하나로 중요한 일에 충분한 시간을 낼 수 없는 '시간 빈곤' 문제를 제기한다. 또 일상에서 해결해야 할 일들에 시간을 쪼개 쓰다 보니 소위 '시간 파편time confetti'들만 넘쳐나게 되었음을 지적한다. '이 일 하는 데 찔끔, 저 일 하는 데 찔끔' 하는 식으로 시간을 쪼개 쓰다 보니 정작 일, 사랑, 놀이 같은 삶에서 중요한 영역에 쓸 수 있는 시간이 턱없이 부족하게 되었다는 것이다.

너무 많은 일을 하다 보면 정작 중요한 일에 집중하기 힘들다. 에너지가 여러 곳으로 분산되기 때문이다. 하지만 엄마라면 당연히 많은 일도 척척 잘 처리할 수 있어야 한다고 생각해서 동시에 많은 일에 손을 담그게 된다.

엄마가 되면서 '멀티태스킹'을 잘하게 되었다고 여기는 경우도 많다. 하지만 한 곳에 집중할 수 있는 에너지도 분산될뿐더러 사람의 뇌는 멀티태스킹을 제대로 하지 못한다고 한다.

멀티태스킹은 원래 컴퓨터가 몇 가지 작업을 동시에 하는 것을 말하는데, 일상에서 식사를 하면서 책을 읽거나 TV를 보면서 빨래를 갠다거나 하는 일들도 해당된다. 『불안감 버리는 연습』이라는 책에서는 미국 밴더빌트 대학교의 폭 덕스 교수팀의 연구를 소개했다.

멀티태스킹을 연습하면 속도는 빨라질 수 있지만 뇌는 한 번에 한 가지 일만 한다고 말한다. 훈련을 통해 단지 한 가지 일을 집중적으로 단시간에 해치우고 다음 일에 집중하는 능력이 좋아지게 되는 것일 뿐이라는 것이다. 쉽게 말해 '한 직무를 처리하는 속도가 빨라지게 되면 바로 다른 일을 할 수 있어서 2가지 일을 동시에 하고 있다는 착각이 생길 뿐' 동시에 여러 일에 집중하는 것은 힘들다는 이야기다. 그러면서 미국 〈폭스뉴스〉에 나왔던 '멀티태스킹을 하면 안 되는 이유'도 소개했다.

- 일하는 속도가 느려진다.
- 실수하기 쉽다.
- 스트레스를 높인다.
- 일상의 현재에서 멀어진다. 휴대폰으로 통화를 하면서 걸으면 주변의 사물에 대해 거의 기억하지 못한다.
- 기억력이 손상된다.
- 인간관계를 망친다. 대화중에 휴대폰으로 통화를 하는 것만으로도 사이가 벌어진다.
- 과식한다. 다른 데 신경을 쏟으면서 밥을 먹으면 포만감을 느끼는 데 방해가 되어 계속 먹는다.

- 창의력을 꺾는다. 멀티태스킹은 작업 기억을 많이 쓰게 되어 두뇌에서 창의적인 사고를 할 수 있는 용량이 줄어든다.
- 한 가지 일에 집중하지 못한다.
- 위험할 수 있다. 운전중에 문자 메시지를 보내거나 통화하는 것은 위험하다. 핸즈프리를 사용하는 것이 음주운전과 같다는 연구가 있다.

'한 번에 빨리' '많은 일'을 하려 할수록 머리는 복잡한 생각으로 가득차고, 뇌에도 과부하가 걸린다. 그뿐만 아니라 몸의 피로도도 높아진다. 정작 아이에게 온전히 집중하고 싶은 시간에도 이런저런 생각들이 머리를 꽉 채우고 또 '뭘 해야 하지?'라는 생각으로 자유롭지 못할 때가 많다.

'일을 빨리 하고 아이와 놀아줘야지'라고 생각했다가도 정작 아이와 마주앉게 되면 넋이 나간 듯 멍해질 때도 많다. **'중요하지 않은 일은 뒤로 미루어도 큰일나지 않는다'는 생각으로 한 번에 하나씩 집중하는 것이 삶에서 중요한 것들에 에너지를 쏟을 수 있는 힘과 여유를 준다.**

있는 그대로의 엄마 모습을 아이도 받아들일 수 있다면

세워놓은 기준들이 너무 많다면 조금은 내려놓자. 본래의 모습을 잃지 않는 엄마가 삶의 만족도도 높고 가정도 행복하게 꾸려간다는 점을 기억하자.

영화 〈달링〉은 1950년대 영국을 배경으로 한 남자의 실제 일대기를 보여주는 작품이다. 해외 비즈니스를 하며 진취적으로 살아가던 로빈은 한 여인과 운명처럼 사랑에 빠져 결혼을 하고 함께 아프리카에 간다. 하지만 바이러스 감염으로 돌연 전신이 마비되는 사고를 겪게 된다.

목 밑으로 온몸이 마비된 그는 혼자서는 숨도 쉴 수 없어 인공호흡기를 달고 평생을 살아야 하는 운명에 처하게 된다. 그것도 얼마나 살 수 있을지도 모른 채로. 가혹한 운명 속에서 삶을 포기하고 싶어하지만 아내는 병원에 누워 생활해야 했던 중증환자인 남편을 집으로 데리고 와서 간병을 시작한다.

의학기술이 발달하지 않았던 시대였기에 언제 세상을 떠날지 모르는 중증환자를 집에서 돌보는 일은 불가능한 일에 가까웠다. 남편은 단 하루라도 집에서 더 사람답게 살기를 원했고, 아내는 그런 그를 존중해주었다.

로빈으로 하여금 절망 끝에서 희망의 빛을 보게 한 건 바로, 아내 배 속에 있던 작은 생명이었다. 아이가 자라는 모습을 보며 삶의 의지를 다졌고, 마비되지 않은 유일한 부위였던 얼굴의 표정과 눈빛만으로도 아이에게 거대한 사랑을 보여주었다. 그의 삶도 드라마틱했지만 나는 아내의 삶에 더 주목했다.

좋은 엄마로 보이고 싶은 가면을 벗자

상상해보면 그녀는 우리가 떠올리는 좋은 엄마, 착한 엄마, 완벽한 엄마의 모습에 가깝지는 않았을 수도 있다. 아픈 남편을 돌보느라 곁에서 한시도 떠날 수 없었기 때문에 아이와 손잡고 외출이나 소풍을 가는 오붓한 시간은 많이 보내지 못했을지 모른다.

로빈은 비록 삶의 무게는 무거웠을지라도, 움직일 수 없는 아버지라 할지라도 아이에게 커다란 존재감과 사랑을 느낄 수 있도록 해주었다. 엄마가 최고의 양육환경을 만들어주지 못하더라도,

때로는 힘들어하고 슬퍼하고 현실에 흔들려도 엄마가 어떤 모습으로든 자연스러운 삶의 모습을 보여주는 것이 소중한 가르침으로 남았을 수도 있었을 것이다.

강물 위의 종이배가 물이 흐르는 방향을 따라 떠가듯이 때로는 아이에게 있는 그대로의 엄마의 모습을 보여주는 것이 좋다. 그것이 자연스러운 삶의 과정이 아닐까?

밝은 얼굴로 대하는 것은 아이의 정서 발달에 도움이 되고 아이의 자존감도 높여준다지만, 그렇다고 해서 '난 아이에게 약한 모습을 안 보여줄거야' '늘 밝은 모습만 보여주고 싶어'라고 생각하고 있다면 곤란하다. 어떤 면으로는 내가 아닌 '가면을 쓴 모습'을 보여주는 것일 수도 있기 때문이다.

그리스 가면극에서 유래된 '페르소나persona'라는 말이 있다. 자신의 본 모습이 아니라 사회적 자아, 즉 사회적으로 인정받기 위한 모습을 말한다. 한 사람이 지나치게 페르소나를 의식하게 되면 진정한 자아를 잃을 수 있다.

안타깝지만 엄마들도 아이들을 위해, 이상적인 엄마상에 맞추기 위해 자신의 감정과 본성을 가리면서까지 좋은 엄마라는 가면을 쓰고 살아가기도 한다. 하지만 본래의 내 감정과 본성과의 차이가 커지게 되면 점점 그 페르소나가 팽창하다가 터져버릴 수도 있다.

너무 엄마다움만 좇아가다 보면 '나는 어떤 사람인지' 잊게 되면서 '나다움'을 잃게 될 수도 있다. 때로는 나를 감싸고 있는 무거운 가면을 벗을 때 몸도 마음도 홀가분해질 수 있다.

내가 좋아하는 일을 하면 육아도 즐겁다

마음의 부담이 크면 무엇이든 즐기기 어렵다. 아이를 키우는 일은 더욱 그렇다. 엄마도 인간이기에 힘들 때가 있고 슬플 때도 있다. 그 본성을 거스르면서까지늘 가족을 위해서 좋은 엄마의 모습만 보여주고 싶다는 마음이 때로는 삶의 무게로 다가오기도 한다. 하지만 인간은 원래 불완전하다는 점을 받아들이면 그 무게를 조금이라도 덜어낼 수 있지 않을까?

자신이 좋아하는 일을 찾고 누리는 엄마로 살게 되면 육아 스트레스도 덜해진다. 남편이 아이를 돌보는 동안, 옷을 사고 맛있는 것을 먹고 온다고 해서 엄마로서의 역할을 제대로 못하고 있는 것은 아니다. 자아실현을 위해서 열심히 일하는 엄마가 아이와 많이 놀아주지 못한다고 해서 엄마의 설 곳이 없어지는 것도 아니다.

오히려 하루하루를 버티면서 좋은 엄마의 모습만을 보여주려 할 때 본래의 내 모습이 자꾸만 사라지는 것 같은 허탈감을 느낄 수 있다. 엄마도 한 인간으로서의 삶의 충족감을 느낄 때 활기찬 에너지를 전할 수 있지 않을까?

그렇다면 '좋은 엄마라면 이런 모습이어야 해'라고 떠올리고 있는 것들은 무엇인지 생각해보자. 좋은 엄마가 되기 위해 '이래야만 해'라고 세워놓은 기준들이 너무 많다면 조금은 내려놓자. 본래의 모습을 잃지 않는 엄마가 삶의 만족도도 높고, 가정도 행복하게 꾸려갈 수 있다는 점을 잊지 말자.

● **내가 쓰고 있는 가면 찾기**

엄마라면 이래야 한다고 믿고 있는 모습은 무엇인가요?
1.
2.
3.
4.
5.
6.
7.
8.
9.
10.

희생하지 않아야 진짜 행복이 보인다

무조건적인 희생을 당연하게 여기지는 말자. 엄마도 아이에게
사랑을 주는 만큼 사랑을 받고 힘들 땐 위로를 받아야 하는 소중한 존재다.

드라마 〈나의 아저씨〉에 등장하는 중년의 가장 동훈. 그는 대기업 부장으로 재직중이고 변호사 아내, 유학중인 아들을 두고 있다. 겉보기에 남부러울 것 하나 없어 보이지만 참고 버티고 치이느라 내면은 잔뜩 곪아 있다.

그런 그가 스님인 친구를 찾아가 지나온 인생을 한탄한다. "나 하나 희생하면 인생 그런대로 흘러가겠다 싶었는데…." 그러자 스님인 친구는 이렇게 답한다. "열심히 산 거 같은데 이뤄놓은 건 없고 행복하지도 않고 희생했다 치고 싶겠지." 그러면서 친구는 말을 잇는다. "누가 희생을 원해. 어떤 자식이 어떤 부모가 아니 누가 누구한테… 지석이한텐 절대 강요하지 않을 인생, 너한

텐 왜 강요해. 너부터 행복해라, 제발. 희생이란 단어는 집어치우고….”

엄마의 희생을 ‘당연한 것’으로 여기다 보면 힘든 감정을 내비치는 것조차 억누르게 되곤 한다. ‘엄마는 강한 사람이니까’라는 생각으로 약한 모습을 보이게 되면 엄마 노릇을 제대로 못하고 있다고 여기기도 한다.

하지만 희생이 지나치지 않아야 진짜 행복도 보이는 법이다. 계속 희생만 하는 엄마로 살다 보면 엄마의 삶에 정작 자신은 없고 남을 위한 인생만 남기 때문이다. 게다가 엄마가 해주는 것들을 아이가 ‘권리’로 여기게 되면 결국 엄마는 허탈감과 실망감을 느낄 수 있다.

한 방송 프로그램에 어떤 남매가 등장했는데 “낳았으면 부모가 책임져야 하는 게 아닌가요”라면서 자신들의 뜻대로 해주지 않으면 비뚤어져버리겠다는 태도를 보였다. 아버지는 매달 몇 백만 원씩 지원을 해주느라 힘에 겨워 모든 것을 포기하고 싶다고도 했다.

행복을 누려야 할 한 사람의 인생이 ‘부모의 삶’은 희생이라는 말과 동일시되는 순간, 때론 삶은 살아가는 것이 아니라 버티는 것이 될 수도 있다. 우리는 지금 아이와 내 삶을 살아가고 있는가? 그저 그 삶을 버텨나가고 있는가?

누군가의 엄마이기 이전에 한 사람이다

우리는 엄마의 희생을 보면서 많은 것을 배웠다. 다른 사람을 배려하고 이해하고 또 인내하는 방법들을 배웠다. 이른 아침부터 늦은 밤까지 계속 바쁜 엄마의 모습, 아무리 아파도 내색하지 않고 이른 아침 밥을 차려주시던 엄마의 모습을 통해 헌신하는 엄마의 큰 사랑을 보고 느꼈다. 말로 표현할 수조차 없는 커다란 사랑을 받아왔던 건 인생의 큰 선물이기도 하다.

하지만 **엄마도 엄마이기 이전에 한 사람이다. 상처 받고 아플 수 있고 두려움도 많은 그저 한 사람일 뿐이다.** 엄마로서 숱하게 애쓰고 있다는 걸 이해해주고 힘을 북돋워줄 누군가가 필요한 순간들도 많다. 또 아이에게 부담을 주지 않겠다는 이유로 힘든 것도 숨기고 열정을 쏟으며 키워왔던 꿈을 포기하는 경우도 많이 보곤 한다.

"제가 하고 싶은 일을 하면서 살고 싶어도. 아이가 걱정되어 할 수가 없어요." "아이 볼 사람이 없으니 제 커리어는 어쩔 수 없잖아요." 나도 했던 고민이다. 아이를 위한 희생과 내가 원하는 삶 사이에서 많이 갈등했다. 하지만 무조건적인 희생을 당연하게 여기지는 말자. 엄마도 사랑을 주는 만큼 사랑을 받고 힘들 땐 위로를 받아야 하는 소중한 존재다.

엄마가 행복할 때
아이도 행복하다

한 사람으로서의 욕구와 감정과 꿈을 포기하는 희생이 진정 아이를 위한 것일까? 나를 버려가면서까지 최선을 다하려는 '희생'에는 뒤따르는 것이 있다. 바로 보상과 인정을 받으려는 마음, 과도한 기대다.

법륜 스님은 『행복』이라는 책에서 이런 말을 했다. "부모 노릇도 자식을 위한 희생이라고 생각하면 굴레가 됩니다. 그러니 '너를 위해 내가 이렇게 하고 있다'는 생각을 버려야 자식 인생도, 부모 인생도 다 행복해질 수 있습니다."

첫아이가 3살 때쯤이었을까. 시가에서 아이에게 생선을 발라주면서 허겁지겁 밥을 먹고 있는데 시어머니가 하신 말씀이 기억난다. 부모 자신을 먼저 챙기라는 것이었다. "너나 챙겨 먹어. 애들은 알아서 다 잘 큰다." 그러면서 이 말도 덧붙이셨다. "엄마가 잘 먹고 하고 싶은 것도 하고 살아야 아이들도 자기만 중한 줄 아는 게 아니라 엄마를 챙길 줄 안다." 우리 자신을 챙기는 시간을 가지면서 행복해지는 게 나에게도, 아이에게도 가장 큰 선물이라고 생각하자.

노사연 씨의 〈바램〉이라는 노래를 들으면 늘 가족이 우선이었던 우리 부모님의 삶이 떠오른다. 가족을 우선순위에 두며 살아가는 우리의 미래도 이런 모습이지 않을까 하는 생각이 들어 마음이 짠해지곤 한다. 노래 앞 부분에 이런 가사가 있다.

> 내 손에 잡은 것이 많아서 손이 아픕니다.
> 등에 짊어진 삶의 무게가 온몸을 아프게 하고
> 매일 해결해야 하는 일 때문에 내 시간도 없이 살다가
> 평생 바쁘게 걸어왔으니 다리도 아픕니다.
> 내가 힘들고 외로워질 때 내 얘길 조금만 들어준다면
> 어느 날 갑자기 세월의 한복판에
> 덩그러니 혼자 있진 않겠죠.

만약 우리가 희생하는 엄마로만 살아간다면 어쩌면 인생의 중후반에 우리를 더 사랑하고 돌보지 못했던 후회로 가득찬 세월의 한복판에 덩그러니 홀로 떨어진 듯한 외로움과 마주하게 될지도 모른다. 소중한 우리 인생의 매 순간을 가족을 위해 헌신해오지는 않았는가?

가족을 사랑하는 일은 더없이 행복한 일이기는 하지만 희생하는 엄마로만 살아가기보다 나를 사랑하는 시간을 가지면 더욱더 행복해질 수 있다. 이제 가족을 사랑하는 데 시간을 쓰면서도 삶의 시계를 나를 사랑해야 할 시간으로도 돌려보자는 거다.

특히 아이를 위해 스스로에게 '이건 꼭 해야 해' 또는 '하지 말아야 해' '이건 참아야 해'라고 생각하고 있는 것들이 너무 많다

면 그런 것들에서도 조금씩 벗어나보자.

대신 '나를 위해서 해도 되는 것'들을 기꺼이 말해보자. "저한테 시간을 쓰려고 해도 도무지 시간이 나지 않아요"라는 말을 하는 엄마들이 많다. 어쩌면 시간은 있어도 그 시간을 쓰는 법을 잊어버리게 된 건 아닐까?

● **희생하는 엄마로서의 나를 발견하기**

엄마로서 희생하고 있는 것들은 무엇인가요?
1.
2.
3.
4.
5.
6.
7.
8.
9.
10.

내가 다 짊어져야 한다는 생각에서 벗어나자

아이를 잘 키우는 것도 중요하지만 엄마가 행복한 것이 더 중요하다.
엄마 몸을 잘 챙겨야 한다. 그래야 육아도 즐겁게 할 수 있다.

영화 〈전설의 주먹〉을 보면 대기업에 다니는 상훈이 회사에서 수모를 당해 일을 그만두고 쓸쓸히 맥주를 마시고 있는데 유학 가 있는 아들에게 전화가 온다. 아버지는 말한다. “네가 학비 걱정을 왜 해. 학비 걱정을. 아빠가 제일 잘하는 게 뭐야. 아빠가 제일 잘하는 게 뭐냐구. 돈 버는 거잖아. 돈! 그러니까 넌 아무 걱정하지 말고 공부만 하면 돼.”

아무 일도 없는 것처럼 “공부나 열심히 해”라고 말하는 아버지의 모습이 아프게 다가왔다. 엄마가 된 후 늘 따라다니는 두 글자는 바로 ‘책임감’일 것이다. 아파도 힘들어도 “괜찮아”라며 참아내고, 회사에서도 “더이상은 못버티겠다” 싶었다가 마음을 다잡기도 한다. 물론 책임감이 있었기에 한 사람으로도 많이 성장할 수 있었다. 자신과의 약속을 잘 지키기 위해 노력하며 '끈기'와 '인내'의 소중함도 배울 수 있었다.

그런데 책임감은 2가지 얼굴이 있다. 인간으로 성숙해질 수 있고 자기발전에 도움을 주기도 하지만 한편으로는 지나친 책임감은 우리를 상처 입히기도 한다. 왜 그럴까? 또 우리가 갖고 있는 책임감은 어떤 모습일까?

과도한 책임감은 엄마를 상처 입힌다

'책임감'이라는 말에는 세상이 우리에게 기대하는 역할을 하면서 살아가려 한다는 말도 포함되어 있다. 내가 아닌 다른 사람이 원하는 인생에 무게중심을 두고 살아가는 사람들을 보면 대개 책임감이 강하다.

하지만 이런 경우 가족의 기대에 부응하려 '내 역할'에만 집중하는 경향이 크기 때문에 자신의 욕구와 감정을 제대로 바라보지 못할 때가 많다. 엄마로서의 책임감으로 인해 어깨가 너무 무거울 때도 예상대로 일이 잘 풀리지 않으면 자책을 자주 한다.

예를 들어 아이가 학원 차에서 내리다 다쳤다면 자신의 탓이 아닌데도 '오늘 학원만 안 보냈더라도' '내릴 때 잘 살펴봐달라고 자주 얘기만 했어도'라면서 자책하기도 한다.

그러나 엄마 탓이 아니다. 다른 사람이 부주의했을 수도 있고, 아무리 막으려 해도 어쩔 수 없이 그저 일어난 일일 뿐일 때도 많다. 하지만 잘못에 대한 반성이 지나쳐 '다 내 잘못이야'라고 생각한다면, 직접 하지 않은 일이나 통제할 수 없는 일에까지 죄책감을 느낀다면 '내가 너무 과도한 책임을 짊어지고 있는 건 아닐까?'라는 생각을 해보자.

나를 위해 에너지를 쓸수록 인생도 행복해진다

과도한 책임감은 '인정욕구'가 클 때 생기기도 한다. 그러다 보니 '내가 무리하고 있구나'라는 생각을 잘 못하고 목표를 향해 뒤도 돌아보지 않고 달려가게 될 때 꼭 탈이 나곤 한다.

나는 장녀로 부모님의 기대를 한몸에 받았다. 그런데 초등학교 6학년 때 1등을 여러 번 하고도 시험을 딱 한 번 못 봐서 우등상을 놓치게 되었다. '우등상은 받겠지'라고 생각했던 기대가 무너져서였을까? 예상하지 못했던 엄마의 모습에 깜짝 놀랐다. 무엇이든 묵묵히 지켜봐주셨던 엄마였건만 눈물을 뚝뚝 흘리시는 걸 보면서 어린 마음에 많이 실망하셨다는 걸 뼈저리게 느꼈다. 그

때 든 생각은 '다시 공부를 열심히 해서 엄마가 동네방네 자랑할 수 있게 해야지'였다.

지금 생각해도 '나에게 어떻게 저런 힘이 있었지?'라는 생각이 들 정도로 공부 의지를 불태웠다. 졸업 후 중학교 입학시험을 치르기까지 눈만 뜨면 공부했다고 할 정도로 문제집 10권을 풀었고, 그 결과 치열한 노력의 대가로 장학생으로 입학할 수 있었다. 지금 생각해보면 '공부 잘하는 첫째'로 돌아가 부모님을 기쁘게 해드리고 싶다는 책임감이 컸던 것 같다.

그런데 그 후로 강하게 자리잡은 '인정욕구'는 어른이 된 후에도 줄곧 나를 따라다녔다. 열심히 달리기만 하느라 기름이 새는지 엔진이 고장난지도 모르고 달리는 속도에만 취해 앞만 보고 달렸으니까.

일을 통해 얻는 성취감도 컸지만 한편으로는 뭘 하든지 자랑스러운 장녀, 좋은 엄마여야 한다는 마음의 소리에만 충실하려 했다. 정작 내 속에서 돌봐달라고 소리치는 것에는 귀를 기울이지 못했다. 아이들이 자기 전까지는 열심히 놀아주고, 아이가 잠들고 나서야 밀린 일을 하기 위해 컴퓨터에 앉게 되는 힘든 일상에 어느덧 익숙해져버린 것이다.

그러다 한 번은 현기증이 심해 정신을 잃고 쓰러진 적이 있었다. 며칠 후 아이 앞에서 식은땀이 줄줄 흐르고 또다시 심한 현기증이 찾아오고 나서야 '이러다 정말 큰일나겠다' 싶었다. 그제서야 나를 돌아보니 손가락 마디마디가 아파 컴퓨터를 칠 때마다 통증이 있었다는 것도, 목 디스크가 다시 심해졌다는 것도 모르고 있었다는 사실을 깨달았다. '나의 시계'가 아닌 '가족들의 삶의 시계'에 맞추려다 보니 몸 이곳저곳이 아프다고 아우성을 치고 있는 줄도 몰랐던 것이다. 왜 그렇게 나는 내가 힘들다는 것을 알지 못했을까, 아니 외면했을까?

결국 속도 조절을 하지 못한 채 달리다 보니 마흔이 넘어서자 에너지가 다 소진되어 '번아웃burnout'이 된 것처럼 느껴지기도 했다. 제 몸 아낄 줄 몰랐던 탓이었다. 그후로는 엄마로서의 속도 조절이 얼마나 중요한지 깨달았다. 모든 것을 전부 다 잘해야 한다는 생각도 조금씩 내려놓았다.

몸에서 아픈 신호들이 나타나게 되면 '내 몸 좀 돌봐줘'라는 메시지라고 받아들이고 무리한 일들을 하나 둘씩 줄였다. 일에서 여유를 가지게 되니 그제서야 마음의 여유도, 에너지도 다시 채워지기 시작했다. 이제는 너무 힘들 땐 집안일은 미뤄놓고 배달 음식을 시켜 먹거나 휴식 선언을 하기도 한다.

건강한 가족관계는 건강한 개인에서 나온다. 큰 책임감에 매여 내 속의 고갈된 에너지를 돌보지 못한다면 나를 상처 입힐 수 있고, 가족에게도 좋은 영향을 줄 수 없다.

엄마들에게 이 말을 꼭 하고 싶다. "가끔은 나의 한계를 인정하고 받아들이자." 엄마로서 하지 말아야 하는 것들로 우리를 억압하고 있었던 것은 무엇인지 생각해보자. 그러니 "안 돼"를 가끔은 "해도 돼"로 바꾸어 생각하며 해방감도 느껴보자. 모든 책임을 다 벗으라는 말은 아니지만 때로는 내 한계를 인정해야 '내가 할 수 있는 것'과 '할 수 없는 것'을 구분해 강약을 조절할 수 있고, 내 삶의 균형도 잃지 않을 수 있다.

나는 육아 강연을 할 때마다 이런 당부를 빼놓지 않는다. "아이를 잘 키우는 것도 중요하지만 엄마가 행복하고, 엄마 몸을 잘 챙기는 것이 더 중요해요. 그래야 육아도 즐겁게 할 수 있어요." 뼈아픈 내 고백이기도 하다.

운명의 다리는 결국 아이 스스로 건넌다는 것을 잊지 말자

아이가 바라보는 세상은 우리가 바라보는 세상과 다를 수 있다는 열린 마음으로 아이의 생각에 귀를 열어주자. 아이에 대한 '존중'과 '믿음'만 있다면 가능하다.

단풍 든 숲속에 두 갈래 길이 있었습니다.

몸이 하나니 두 길을 가지 못하는 것을 안타까워하며,

한참을 서서 낮은 수풀로 꺾여 내려가는 한쪽 길을

멀리 끝까지 바라다 보았습니다.

이렇게 시작되는 로버트 프로스트Robert Frost의 '가지 않은 길'이라는 시를 읽을 때마다 '수많은 인생의 갈림길에서 내 선택은 과연 옳았는가?' 이런 질문을 해보곤 한다. 질문 끝에 늘 떠오르는 생각은 최고의 선택은 아니었을지 모르지만 당시에는 최선의 선택을 했다는 것이다. 후회를 했더라도 그때의 선택들은 '옳다고 믿었던 것' '할 수밖에 없는 것'이었다고.

그런데 부모가 되면, 아이를 키우면서 생기는 수많은 선택의 기로에서 또 다른 종류의 불안과 만나게 된다. "공부도 노래도 다 잘할 수 있어요. 가수에 도전해볼 거예요." "대학에 안 가고 창업하고 싶어요."

아이가 생각하는 꿈과 내가 생각하는 아이의 미래와의 차이가 클수록 아이가 바라는 것과 내가 바라는 것 사이에서 무엇을 택해야 할지 고민이 되고, 내 뜻대로 이끌어가다 높은 벽에 부딪혀 좌절감이 든다면 이런 생각은 어떨까? '아이는 영원히 나의 아이가 아니다.' 결국 자신의 운명을 개척해나가는 주체는 아이여야 한다.

영원히 나의 아이가 아니라는 걸 안다는 것

방송 촬영 차 산골마을에 간 적이 있는데 백발의 할머니가 머리가 희끗한 할아버지를 다독여주고 계셨다. "우리 아들, 아이구 예뻐." 일흔의 아들이 아흔의 부모에게도 여전히 예뻐 보이는 것이 바로 부모의 마음이구나라는 생각에 마음이 뭉클했다. 하지만 아무리 나이든 아이를 향한 사랑의 크기가 같을지라도 아이의 자아마저 늘 어린 아이로 우리 안에 머무를 순 없다.

"내가 하는 대로 해" "아직 너는 잘 모르잖아"라며 엄마가 아이의 선택을 대신 하려 하거나 "네가 지금 하는 생각은 나중에 후회할 수 있어"라며 아이의 생각이 나와 다를 때 엄마 뜻대로만 밀어붙이는 경우도 종종 보게 된다.

하지만 아이를 존중하지 못하다 보면 "난 못해" "그래 내가 뭘 한다고" 같은 무기력감을 느끼면서 끊임없이 자신이 부족하다고 느낄 뿐만 아니라 자신을 소중하고 가치 있게 여기지 못해 '자존감'도 낮아질 수 있다.

사춘기 아이를 둔 부모들은 "고집이 너무 세졌어요"라는 고민을 많이 한다. 자신의 생각이 강해진다는 건 어른이 되어가는 길목에 있다는 증거다. 반항하는 것으로 느껴져 화가 날 수도 있지만 부모의 생각만 강요하다 보면 반감만 커질 수 있다. 이때 부모에게 필요한 것은 '아이는 내 소유'라는 생각에서 벗어나는 거다.

『내 아이가 미워질 때』라는 책에서 조앤 페들러Joanne Fedler는 아이들이 사춘기에 접어들면 더욱 아이들의 생각과 세계를 존중해야 한다면서 이렇게 말한다. "우리가 아이들에게 생명을 주었지만 아이들의 삶은 곧 별개의 삶으로 모습을 드러낸다. (중략) 부모는 아이에게 딱지를 붙이고 브랜드를 지어주고 가치를 매겨 만들어선 안 된다. 부모가 아이를 소유한다면, 오로지 부모의 인생사로서 부모의 추억으로 소유할 뿐이다."

역경의 다리도 아이 스스로 건너면 무너지지 않는다

세계적인 심리학자 미하이 칙센트미하이Mihaly Csikszentmihalyi는 "자기 능력으로 해낼 수 있되 도전의식을 자극하고, 무엇보다 스스로 선택한 일을 하는 사람은 더욱 행복한 사람이 된다"고 하면서 "그래야만 몰입이 가능하다"고 했다. 다른 사람이 시켜서가 아니라 스스로가 마음의 주인이 되어 움직이는 '내적 동기'가 선택한 일에 몰입할 수 있는 강력한 힘이라는 거다.

언젠가 '엎드려 공부하는 여대생'의 사연을 보면서 '내적 동기의 힘'을 다시 한 번 느꼈다. 척추가 부러지는 큰 사고로 앉아 있을 수 없지만 법조인의 꿈을 키우며 강의실 바닥에 엎드려 수업을 듣고 있다는 이 학생은, 사고로 일어설 순 없게 되었지만 굳건히 꿈을 향해 담담히 길을 걸어가고 있었다. 절망적인 상황에서도 좌절하지 않는 '단단한 마음의 힘'도 함께 느낄 수 있었다.

이처럼 역경을 이겨내는 사람들의 마음속에 있는 스프링 보드를 '회복 탄력성'이라고 한다. 분명한 건 이 학생에겐 내적 동기와 회복 탄력성까지 2가지 '마음의 힘'이 있었다는 거다. 포기하고 싶은 순간에서도 자신을 일으켜 세웠고, 인생을 스스로의 의지와 선택으로 다시 일구어나가고 있었으니까.

고대 철학자 세네카Seneca가 "운명이 무거운 것이 아니라 나 자신이 약한 것이다. 내가 약하면 운명은 그만큼 더 무거워진다"라고 말했던 것이 이런 경우를 두고 말하는 거구나 싶었다.

결국 엄마의 중요한 역할은 아이에게 쭉 뻗은 넓은 길을 알려주는 것이 아니라 아이 스스로가 선택하는 길이라면 어떤 길이든 자신을 믿고 걸어갈 수 있도록 격려해주는 것이 아닐까? 그래야 내적 동기를 통해 '마음의 힘'도 단단해질 수 있을 테니까.

맑은 날도 있고 흐린 날도 있는 게 인생이다. 고난을 겪더라도 성장할 수 있는 기회를 주기 위해 한 걸음 떨어져 있어야 할 때도 있고, 크게 휘청거릴 때는 아이를 받쳐주는 에어백이 되어줘야 할 때도 있다. 아이가 도덕적인 가치를 저버릴 때는 '옳은 것'을 말해줘야 하는 순간도 있기 마련이다. 하지만 우리가 잊지 말아야 할 것은 삶을 어떻게 살아가게 될지는 '아이의 선택이자 몫이라는 것'이다.

"아이들이 나중에 어떤 일을 하며 살까?" 남편과 이런 대화를 가끔 한다. 관심사도 꿈도 계속 바뀌게 되면서 하고 싶은 것들도 조금씩 달라지는 아이들의 이야기를 듣는 것이 참 즐겁다.

초등학교 1학년 때는 수학자가 되고 싶다던 아들이 3학년 때부터는 "요리사가 될 거야"라고 선언했다. 편식이 심한 아들이라 그런 말을 들으면 웃음을 꾹꾹 눌러 담아야 할 때도 있다.

그러나 계속해서 응원해줄 생각이다. '먹을 수 있는 몇 가지 재료만으로도 맛있는 음식을 만들 수는 있으니까, 어떤 결과가 나

오든 자기 몫이니까.'

아이들의 행복만큼 엄마가 바라는 것이 있겠냐만은 중요한 선택은 아이가 할 수 있는 기회를 주고 몇 걸음 떨어져 그저 꿈을 향해 걸어가는 모습을 바라보고 응원하고 싶은 마음이다. 아이가 바라보는 세상은 우리가 바라보는 세상과 다를 수 있다는 열린 마음으로 아이의 생각에 귀를 열어주면 어떨까? 아이에 대한 '존중'과 '믿음'만 있다면 가능하지 않을까?

사랑한다는 이유로 아이에게 '집착'을 넘어 '접착'을 하고 있지는 않는가? 사랑을 넘어선 억압은 인생의 주인을 뒤바꿔 엄마뿐만 아니라 아이도 힘들게 한다. 엄마는 아이라는 우주에서 벗어나지 못하고 아이는 엄마라는 세상 안에 갇혀 있게 되니까. 예쁜 꽃도 너무 가까이 붙어 있으면 뒤엉켜 제 모습을 드러내기 힘들기 마련이다. 아이 인생에서 조연이 되길 선택해야 지금 '나'라는 삶의 영화에서 주연이 될 수 있다. 서로의 삶의 거리를 적절히 유지하면서 말이다. 엄마와 아이 사이의 안전거리, 얼마나 유지하고 있는가?

4장

관계의 짐을 덜어내는 것이 무엇보다 중요하다

사랑일까, 억압일까?
아이에 대한 집착 버리기

아이에게 집착하는 마음은 나에게 집중할수록 벗어날 수 있다.
과거의 두려움에서 벗어나 현재 내 삶에 몰입할 수 있는 힘을 얻을 수 있다.

36개월 딸을 둔 민정 씨는 어린이집에 아이를 보낸 뒤 발길이 떨어지지 않는다. 집에 와서도 일이 손에 잡히지 않고, 눈물을 뚝뚝 흘렸던 아이 생각에 밥도 잘 넘어가지 않는다. '아직도 울고 있는 건 아닐까?' '내 생각만 하고 있는 건 아니겠지?' 청소를 해도, TV를 봐도 아이 걱정이 떠나지를 않는다. 다음 날도 어린이집 문턱에서 엄마와 잘 안 떨어지려 하자 눈물을 참으며 생각했단다. '너를 어디 보내려고 한 내가 죄인이지.'

민정 씨는 앞으로 아이를 기관에 절대 보내지 않을 생각이라고 했다. 아이와 24시간 붙어 있느라 힘들어도 아이가 곁에 없어 불안했던 마음을 생각하면 잘한 선택이라고 믿었다.

중학생 아들을 둔 성미 씨는 아이가 전화를 받지 않으면 너무나도 불안하다. 아이와 통화가 될 때까지 전화를 걸어 휴대폰에 '부재중 통화 20건'이라고 찍힌 걸 보고 아들이 기겁한 적도 있단다. 아이의 일거수일투족이 체크되지 않으면 자꾸 불안하단다. 학원은 잘 가고 있는지, 어떤 친구와 놀고 있는지 다 알아야 직성이 풀린단다. 아들은 "엄마, 간섭 좀 그만해"라고 목소리를 높이지만 성미 씨는 멈출 수 없다.

집착을 넘어 접착하고 싶은 엄마의 불안

한 TV프로그램에서 사사건건 간섭하는 엄마를 보고 누군가 이렇게 말했다. "그건 집착이 아니라 접착이에요." 오죽하면 '접착'이라고까지 했을까? 아이에 대한 집착이 심해지면 아이와 심리적으로 떨어지기 힘든 분리불안을 겪기도 하고, 아이의 생활에 사사건건 간섭해 자신의 뜻대로 통제하는 것도 모자라 조정하려 들기도 한다. 아이가 세상에 적응하고 부딪혀볼 기회조차 주지 않았던 만큼 집착이 억압이 된 경우다.

엄마와 떨어져 있는 것에 심하게 불안을 느끼는 것을 분리불안이라고 한다. 생후 7개월 정도부터 나타나 돌이 지나서 심해지고,

4살 전후로 계속 나타나기도 한다. 엄마가 동생을 임신해서 돌보기 어려운 경우, 유치원이나 학교에 입학할 때 나타나기도 한다.

사실 분리에 대한 불안은 오래된 인간의 본능이다. 임신 기간 동안 탯줄로 연결되어 있던 엄마와 아이가 탯줄이 끊어지면서 신체적으로 분리가 되지만 심리적인 분리는 당장 되지 않기 때문이다. 결혼을 해서도 엄마와의 심리적 탯줄을 끊지 못하다 보면 '모녀전쟁'이 끊이지 않는다.

아이에게 이런 분리불안이 누그러지게 될 때가 있다. 엄마가 없어도 혹은 잠시 떨어져 있어도 엄마는 존재한다는 것, 즉 '대상영속성'의 개념을 알게 되면서부터다. 아이는 '엄마가 아니어도 나를 보호해줄 사람이 있구나'라는 생각이 들면 불안한 마음이 사라지게 된다. 그런데 시간이 흘러도 오히려 엄마가 아이에게 심리적으로 분리되지 못해 아이를 다른 사람 손에는 아예 맡기지 못하거나 아이가 잠시라도 보이지 않으면 두려움을 느끼는 경우도 있다.

아이가 어린이집에 적응할 시간조차 주지 않고 데려와버린 민정 씨는 왜 그렇게 불안했을까? '투사'는 자기 마음에 있는 감정을 다른 사람에게 투영해 바라보는 것을 말하는데, 민정 씨 과거의 경험이 영향을 미쳤던 것이다. 민경 씨는 어린 시절 주말부부였던 엄마와 떨어져 바쁜 할머니 손에 크며 혼자 있었던 시간이 길어 외롭고 불안했다. 더욱이 할머니가 일찍 돌아가시면서 느꼈던 두려움이 아이를 엄마와는 떨어져서는 살 수 없는 존재로 바라보게 한 것이다.

성미 씨는 형편이 나빠져 어렵게 아이를 공부시키고 있었다. '아이가 성공해야만 집안을 다시 일으킬 수 있을 것'이라는 생각에 자신의 계획에서 아이가 조금만 벗어나면 불안하고, 모든 걸 다 알고 확인해야 직성이 풀리는 강박이 생기게 되었다. 남편과 사이가 나빠져 마음 붙일 데 없는 허전함이 아이를 향한 집착에 더 불을 붙였다.

"다 너를 생각해서야" "사랑하니까 그러는 거지"라며 아이를 위한다지만 아이의 삶을 통제하는 수준까지 가게 된다면 그것이 과연 사랑일 수 있을까? 사랑은 '억압'이나 '통제'가 아니다. 내 마음대로 상대를 휘두른다는 건 다른 사람을 통해 허전함과 불안함을 잠재우려는 것일 때도 많다.

사랑이 아닌 억압은 인생의 주인이 뒤바뀐 엄마뿐만 아니라 아이까지도 힘들게 한다. 엄마는 아이라는 우주에서 벗어나지 못하고, 아이는 엄마라는 세상 안에 갇혀 있게 되니까. 다른 사람의 세상을 살아가는 사람은 '나'라는 세계를 만나지 못한다.

남을 통해서만 의미를 찾으려 하니 잡히지 않는 것을 향해 손을 뻗고 있는 상황만 계속되고 나를 통해 찾는 진정한 행복을 느끼기 쉽지 않을 수밖에! 그렇다면 어떻게 해야 자신의 삶에 집중할 수 있을까?

나 자신이 되기를 선택할 때 진정으로 사랑할 수 있다

『내 아이가 미워질 때』라는 책에는 이런 말이 있다. "부모는 인생을 지휘하는 게 아니라 길을 안내해주는 역할을 해야 하며, 인생의 전경에서 배경으로 자리를 옮겨야 한다." 엄마라는 역할에만 집착하지 말고 아이의 인생에서 조연이 되길 선택해야 지금 '나'라는 인생의 영화에서 주연이 될 수 있지 않을까.

심리상담가 일자 샌드Ilse Sand도 책 『컴 클로저』에서 자신의 모습을 있는 그대로 받아들이게 되면 다른 사람과 진정으로 만날 수 있다고 말한다.

"과거에 알았거나 두려워했던 것에 지배당하지 않는 삶을 살기 위해서는 나 자신이 되기를 선택해야 한다는 것이다. 나 자신이 되기를 선택한다는 것은 내가 무언가를 통제할 수 있다는 욕망을 내려놓고, 삶의 흐름에 몸을 맡긴다는 뜻이다. (중략) 자기 자신이 되기로 결심한 사람, 자신을 있는 그대로 받아들일 수 있는 사람은 이 순간, 알게 된 것을 토대로 행동할 수 있다. 그는 더이상 과거에 알았거나 두려웠던 것에 지배당하지 않는다."

아이에게 집착하는 마음은 나에게 집중할수록 벗어날 수 있다. 과거의 두려움에 지배당하지 않고 현재의 내 삶에 몰입할 수 있는 용기와 힘도 생길 수 있다.

아이와 조금 멀어질수록 더 가까워지는 거리두기의 미학

엄마와 아이의 안전거리, 어떻게 만들어 나가야 할까? '낄끼빠빠'라는 말이 있다.
예능 프로그램에서 등장했던 말로 '낄 때 끼고 빠질 때 빠져라'는 뜻이다.

완벽주의를 가진 여성검시관의 일과 인생 이야기를 그린 미국의 TV 드라마 〈바디 오브 프루프Body of Proof〉. 그녀는 일중독에 빠져 사춘기의 딸과의 관계가 얽힌 실타래처럼 풀기 힘들어져버린 상태다.

그녀는 딸의 일거수일투족에 관심을 가지며 엄마 역할을 열심히 해보려 하지만 오히려 아이가 자신과 거리를 두려하자 친구에게 하소연을 한다. "레이시랑 다 망쳐버렸어. 내가 자기를 숨 막히게 한대. 레이시는 내가 물러나길 바래." 딸과의 관계가 좀처럼 회복되지 않아 조급해하자, 친구는 이런 말을 해준다. "그럼 물러나. 준비되면 그 애가 올거야."

사랑과 집착을 혼동하면서부터 생기게 되는 일이 '불편함'과 '갈등'이다. 그래서 사람과 사람 사이에 꼭 필요한 것이 '안전거리'다. 나와 아이가 가깝다고 생각할수록 간섭을 하게 되고, 아이의 생각과 행동까지도 좌지우지하려 하기 쉽다.

게다가 아이에게 너무 집착할수록, 나와 아이를 동일시해 자꾸 기대가 높아지게 된다. 거기에 그 기대를 아이가 채워주지 못할 때 내 뜻대로 움직여주지 않는다는 불만 때문에 아이에게 더 간섭하고 억압하게 되는 악순환이 이어지며 결국 갈등의 골이 깊어지게 된다.

예쁜 꽃도 너무 가까이 붙어 있으면 뒤엉켜서 제 모습을 드러내기 힘들기 마련이다. 엄마와 아이의 심리적 거리가 너무 가깝다 보면, 서로의 감정에 영향도 많이 받을 수밖에 없다. 엄마와 아이 둘 중 어느 한쪽의 감정의 폭탄이 터지게 되면 모두 상처 입게 될 수도 있다. 거리를 두는 것은 무관심하거나 상대를 멀리하는 게 아니다.

아이에게 심리적 거리를 둔다는 것은 서로의 건강한 관계를 유지시켜 주기 위한 안전거리라고도 할 수 있다. 아이와 적절한 거리를 두게 되면 아이도 엄마도 각자의 삶을 설계할 수 있는 시간과 공간을 가질 수 있다. 엄마와 아이 사이의 안전거리를 유지하려면 어떻게 해야 할까?

엄마와 아이의 심리적 안전거리를 지켜주는 것은 '존중'

정신분석 전문의인 김혜남은 책 『당신과 나 사이』에서 상대방과의 적절한 심리적 거리를 유지하려면 이것이 필요하다고 했다. 무엇일까? 바로 '존중'이다. 존중은 상대방이 나와 다르다는 사실을 인정하는 것이다. 상대방과 나 사이에 존중하는 마음을 넣으면 나와 다르다고 해서 비난하거나 비판하지 않고 고치려 들지 않게 된다.

아이도 마찬가지다. 아이에게 생명을 준 것은 엄마지만 아이에게도 '자신의 삶'이 있다는 것을 이해하고 받아들여야 한다. 과연 우리는 아이를 존중하고 있는 것일까? 아이는 나와는 다른 존재라는 생각으로 바라보고 있는 것일까?

김혜남 전문의는 '심리적 거리'를 둔다는 것은 그 사람의 생각과 선택을 존중한다는 것이지 신경을 쓰지 않겠다는 의미는 아니라고 말한다. 진정한 거리두기의 의미에 대해 이렇게 설명한다.
"사랑하는 사람이 잘못된 길로 간다면 말려야 한다. 왜 그 길로 가면 안 되는지 충분히 말할 수 있어야 한다."

그럼에도 불구하고 최종 선택은 상대방의 몫이다. 어떤 선택을 하든 늘 내가 있다는 확신을 주는 것이 바로 진정한 의미의 거리두기다.

관심은 한결같이!
개입은 줄이기!

나는 아이와 엄마의 안전거리를 지키기 위한 핵심은 이것이라고 생각한다. '관심은 한결같이! 개입은 줄이기!' 너무 많이 개입해서도 안 되지만 그렇다고 해서 아이에 대한 관심마저 멀리 두어서는 안 된다는 의미다. 아이와 너무 거리를 두게 되면 나중에 아이가 인간관계에서 어려움을 겪게 되는 경우도 있다.

책 『컴 클로저』에서는 상처를 감당하기 버거울 때 스스로를 현실과 차단시키기 위해 사용하는 수단으로 '자기보호'를 하게 된다고 말한다. 바람직하지 못한 '자기보호' 형태를 보일 때 우리의 삶을 파괴할 수도 있다는 것이다.

특히 이 책은 힘없는 어린 시절에 감당하기 힘든 일에 처했을 때 '자기보호'의 대부분이 형성된다고 하면서 부모의 관심을 많이 받지 못했을 때 인간관계에 부정적인 영향을 미친다는 메시지를 한 남자의 말을 통해 들려준다. "아주 어릴 때 저는 '나는 내가 돌보겠다' '누구한테도 의지하지 않겠다'고 결심했어요. 그 결정이 당시의 어린 제가 유일하게 떠올릴 수 있는 방법이었죠."

누군가가 다가오면 매몰차게 밀어낼 때가 많았다는 여성도 있었다. "깊이 들여다보면 저는 사랑받을 만한 가치가 없는 사람이에요. 누군가에게 제가 별 볼 일 없는 사람이라는 걸 들키고 싶지 않아요. 다른 사람과 너무 가까워지지만 않으면 아무도 눈치채지 못할 거예요." 부모를 필요로 할 때조차 부모와의 심리적 거리가 너무 멀었던 기억이 다른 사람을 자꾸 밀어내게 되는 '자기보호'로 이어지게 되었고, 인간관계에서 또한 어려움을 겪게 되었던 것이다.

그렇다면 엄마와 아이의 안전거리, 어떻게 만들어나가야 할까? '낄끼빠빠'라는 말이 있다. 예능 프로그램에서 등장했던 유행어로 '낄 때 끼고 빠질 때 빠져라'는 뜻이다. 인터넷 국어사전에도 신조어라고 소개된 걸 보니 상황을 보고 융통성 있게 행동하라는 이 말에 사람들이 얼마나 공감하고 있는지 느낄 수 있었다.

조금 모호할 수도 있지만, 아이와의 안전거리와 관련해 이렇게 이해해보면 어떨까? 진정으로 아이를 돕고 싶다면 아이와의 과제를 분리해보자고. 나와 아이의 거리를 적당히 유지하면서 경계를 보호하고 인정해주어야 가능한 일이다.

인생에서 만나게 되는 아이의 수많은 과제는 아이의 것임을 깨닫고 스스로 해낼 수 있도록 지켜봐주고 응원해주자. '낄끼빠빠 육아'를 잊지 말자. '따로 또 같이'라는 말이기도 하다. 아이가 도움을 필요로 할 때 손을 내밀어주자.

주변 사람들에게 친절한 엄마가 아이를 힘들게 한다

남에게 좋은 사람이 되려다 정작 아이의 감정을 헤아리지 못하고 불친절한 엄마가 되는 경우가 자주 생기게 된다면, 그 친절에서 조금은 힘을 빼도 좋지 않을까?

친절과 배려. 좋은 사람의 이미지를 떠올리면 가장 먼저 생각나는 단어다. 요즘처럼 개인주의가 강해진 사회에서 서로에게 친절할 수 있다면 정말 좋은 일일 것이다.

하지만 친절이 지나쳐 '과잉친절'이 될 경우 종종 상대가 불편하게 느낄 수도 있다. 간혹 선의로 친절하게 대하더라도 나에 대한 간섭이나 참견으로 바라볼 때도 있다 보니 오죽하면 지나치게 남의 일에 간섭한다는 의미로 '오지라퍼'라는 말까지 생겼을까? 과잉친절에서 조금은 힘을 빼야 하는 사회가 된 것이다.

그럼에도 불구하고 엄마들은 육아라는 배에 올라탔다는 동질감으로 서로의 이야기에 공감하며 돕고 싶어한다. 엄마가 되면서

부터는 내 아이가 아니라도 곤경에 처한 아이를 보면 지나칠 수 없는 그런 마음이 더더욱 강해지곤 한다.

하지만 그런 친절로 인해 나의 일상이 흔들리고, 자신과 아이의 감정까지 해치게 되면 문제가 아닐 수 없다. 어쩌면 다른 의미에서의 과잉친절이 될 수도 있다.

예의 바른 엄마를 둔 아이가 울게 된 속사정

영수네 집에 어린이집 친구인 철수가 놀러왔다고 해보자. 철수가 자신의 장난감 자동차를 신나게 가지고 논다. 가장 소중하게 여기는 장난감이라 애지중지하고 있는데 철수가 말도 없이 가져가버린다. 영수는 "내 거야"라면서 다시 뺏어왔는데 이를 본 엄마가 철수 엄마한테 미안해하면서 영수의 장난감을 철수에게 건네주며 말한다. "왜 친구가 가지고 노는 걸 뺏어." 혼내는 것도 모자라 양보까지 하라고 한다. "우리 집에 온 친구는 손님이니까, 양보하는 거야."

며칠 후 영수도 철수네 집에 놀러가게 되었다. 너무 멋진 장난감 자동차를 발견했다는 기쁨에 눈을 떼지 못하고 발을 동동 구르고 있는데 갑자기 철수가 "내 거야"라면서 달라고 하는 거다. 영수는 "싫어"라고 했지만 철수가 "내 건데"라고 하면서 징징거리는 모습을 보니 영수 엄마는 철수 엄마한테 미안해져 장난감을 아이 손에서 낚아챘다. "친구 집에 놀러오면 친구 장난감은 친구가 먼저 가지고 노는 거야"라면서 다시 철수에게 장난감을 주었다. 영수는 결국 울음을 터트리고 말았다.

영수는 왜 눈물을 흘릴 정도로 속상해했을까? 좋아하는 장난감을 가지고 놀지 못하는 상황 때문일 수도 있지만 이런 마음이었을 수도 있지 않을까? 집에서는 친구에게 장난감을 양보해야 했는데 친구 집에 놀러가서도 친구가 먼저 가지고 놀아야 한다고 하니 아이의 머릿속이 복잡해진 것이다. 엄마가 자기 편이 아니라 남의 편만 들어준다고 생각해서 속상하지 않았을까?

또 이런 마음이 들었을 수도 있다. '엄마는 항상 나만 못하게 해.' 상대에게는 친절이었지만 내 아이의 감정은 들여다보지 못했기에 아이 입장에서는 엄마의 행동이 일종의 '과잉친절'이 되어버린 것이다.

바라지 않고 주면 돌아올 수도 있다는 마음으로

평소 "예의가 참 바르네" "참 착하단 말이지"라는 말을 귀에 못이 박히도록 들어온 사람일수록 좋은 사람이 되려는 책임감도 크다. 비록 무엇을 바라고 선의를 베푼 것이 아니라 해도, 간혹 내가 베푼 친절만큼 상대방이 고마움을 표현하지 않거나 되돌려주지 않으면 섭섭해하고, 상대가 나에게 무언가를 해줄 것이라는 기대감을 가질 때도 있다.

예를 들어 "힘들다고 하면 내가 커피 사줘, 밥 사줘, 얘기도 들어줘, 그러니 나한테 더 잘해야 하는 거 아니야?" 이렇게 해준 만큼 기대가 높아지는 것이다. 그런데 상대로 인해 섭섭하거나 오해가 생기게 되면 자신이 친절을 베풀었던 것만큼 실망감을 더 크게 느끼기도 한다.

하지만 상대와 나의 생각이 늘 같을 순 없다. 내가 해준 만큼 상대가 해주지 못했을 때 불만이 생기고, 그런 상대에 대한 실망감만 커진다면 애초에 상대가 원하는 친절 이상을 스스로 베푼 것은 아닌지 생각해보자.

혹시 남에게 인정받고 싶고 좋은 사람으로 보이고 싶은 마음 때문은 아니었는지도. 지나친 친절을 베풀고 그만큼 돌아오지 않아 섭섭하다면 이렇게 생각해보면 어떨까? 바라지 말고 베풀면 언젠가 뜻하지 않게 돌아올 때도 있다고.

프랑스의 수학자이자 철학자인 파스칼Blaise Pascal은 "자기에게 이로울 때만 남에게 친절하고 어질게 대하지 말라"고 말했다. "어진 마음 자체가 나에게 따스한 체온이 되기 때문"이라는 파스칼의 말이 참 좋다. 엄마로서 맺게 되는 인연들 가운데에서도 점점 편안해지는 사람들이 있다. 꼭 누구의 엄마가 아니라 서로의 이름을 알고, 아이가 아니더라도 서로의 안부를 묻고 진심으로 걱정해주면서 엄마들 관계에서 한 걸음 나아가 사람 대 사람으로 더욱 끈끈한 사이가 되기도 한다.

이웃이지만 가족보다 더 가까이에서 살면서 정을 나누고, 진짜 사촌보다 더 친밀해져 음식도 나눠 먹고 함께 여행도 가며 돈독하게 지내기도 한다. 이처럼 친절과 배려는 절대 정량화하거나 평가절하해서는 안 되는 소중한 가치다.

하지만 내 안에 있는 인정욕구가 과해서 그 친절이 이미 내 즐거움을 벗어났을 때, 친절을 베풀지 않으면 관계를 이어나갈 수 없을 것이라는 불안이 클 때, 내 마음을 몰라줘서 실망스러울 때, 남에게 좋은 사람이 되려다 정작 아이의 감정을 헤아리지 못하고 불친절한 엄마가 되는 경우가 자주 생기게 된다면 그 친절에서 조금은 힘을 빼도 좋지 않을까?

그래도 잊지 않았으면 하는 건 '의미 없는 친절은 없다'는 것이다. 그 친절이 크든 작든 나를 위해 무언가를 주고 싶다는 상대의 마음이 움직였고, 짧은 시간이라도 나에게 시간을 쓴 것이다. 그러니 상대의 호의를 당연하게 여기지는 말아야 한다. **고마움을 표현하는 게 가장 좋겠지만 표현이 서툴고 어색하더라도 상대의 친절 속에 담긴 의미마저 지나치진 않았으면 하는 마음이다.**

현명하게 거절하는 법을 아는 것이 힘이다

남을 돕고 배려한다는 자체로 뿌듯해질 때가 많다. 하지만 부탁을 들어주기 힘들 때는 "안 되겠어요"라고 말할 줄도 알아야 거품 없는 담백한 관계가 유지될 수 있다.

누구에게나 '인정욕구'가 있다. 성장과 발전에 도움이 되는 형태로 나타나는가 하면, 다른 사람을 지나치게 의식해 인정받고자 하는 삶에 휘둘리는 경우도 있다.

한 번은 남편이 건강을 위해 체중 감량을 시작했는데, 회사 동료들이 "하루하루가 다르네요" "어우~대단하세요"라며 엄지를 치켜들자 "반응이 너무 좋아 예전으로 돌아가면 안 될 것 같아"라면서 30kg 가까이 감량을 했다. 인정욕구를 자신이 목표한 것을 이루기 위한 성장의 동력으로 삼은 것이다.

반대로 남에게 비치는 내 이미지를 많이 신경 쓰다 보니 상대의 욕구에 끌려가고 있는 경우도 있다. '나를 미워하면 어떻게 하지?'라는 생각에 나를 포장하게 되거나 좋은 사람으로 인정받고 싶은 마음이 앞서면 상대가 무리한 부탁을 하더라도 "안 되겠어요" "힘들겠어요"라고 거절하지 못하는 것이다. 내 안의 인정욕구는 내 삶을 어떤 모습으로 이끌어가고 있는가?

나도 상대가 부탁을 해오면 최대한 들어주려 하는 편이다. '얼마나 급했으면' '부탁할 사람이 없나 보다'라는 마음이 들기 때문이다. 그러다 보니 간단한 부탁이 아닌 경우에도 "괜찮아요"라면서 상대의 상황에 맞추기 위해 급히 시간을 내려다 결국 내 일정도 급하게 바꿀 수밖에 없게 되면서 일이 확 꼬여버리거나 정신이 없어 실수를 하는 일도 있었다. 내가 너무 '무리'라는 기준을 느슨하게 잡았다는 것도 깨달았다.

그런 일들을 여러 번 겪고 나서 지금은, 상대에게 방해받고 싶지 않은 순간이나 불가능한 상황 몇 가지를 정해놓고 부드럽게 거절을 한다. 상황에 공감하되 지금은 힘들다고 간략히 전하는 거다.

시간이 허락한다면 대안을 찾아줄 때도 있지만 설명이 장황할수록 상대도 '혹시나' 하는 희망을 품고 여러 번 물어볼 수도 있다. 정확한 내 의사가 전달되기도 힘든 데다 오히려 애매한 변명처럼 들릴 수도 있으니 주의하자.

'상대가 나를 어떻게 생각할까?' '그 사람이 상처 받지는 않을까?'라는 생각에 습관적으로 남에게 나를 맞추고 있다면, 적절한 거절을 할 수 있는 행동은 내 삶으로 무게중심을 조금씩 돌리는 일이라고 생각해보자. 부탁도 계속 들어주는 사람에게 몰리기 마련이다.

싫다는 말을 잘 못할수록 그 거절로 인해 '상대가 마음 상하면 어떻게 하지?'라고 걱정할 때도 많지만 **상대의 요청에 대한 거절이지 상대에 대한 거부는 아니라는 점을 잊지 말자. 꼭 필요한 거절은 우리 삶의 균형을 위한 것이기도 하다.**

안 될 때 안 된다고 말할 수 있는 관계가 담백하다

남을 돕고 배려한다는 것, 그 자체로도 뿌듯해질 때가 많다. 하지만 부탁을 들어주기 힘들 때는 "안 되겠어요"라고 말할 줄도 알아야 거품 없는 담백한 관계가 유지되기 쉽다.

유은정 정신과 전문의는 책 『혼자 잘해주고 상처받지 마라』에서 "관계가 극단으로 치닫지 않도록 부탁을 들어줄 때는 확실하게 들어주고, 거절해야 할 상황에서는 확실하게 거절하라"고 했다. 부탁을 거절하지 못하는 사람 중 '하기 싫다'는 생각이 들어도 자신의 욕구를 억누르거나 표현하지 못할 때도 많다. 이런 경우 상대의 페이스에 맞추려다 오히려 불편과 오해가 비집고 나와 관계가 틀어질 수도 있다. 하지만 여전히 거절하는 게 힘들다면 몇 가지 상황을 생각해두고 내 의사를 전하는 건 어떨까?

아플 때, 내 일정뿐만 아니라 가족의 일정까지 다 바꿔야 할 때, 수고의 가치를 모를 때까지 "예스"를 외치지 말자는 원칙도 좋다. 가령 "저는 이렇게 급한데 좀 해주시면 안 될까요?"라는 일방적인 부탁을 하는 경우다. "가능하다면 도와주실 수 있나요?"라며 상대의 의향을 진정성 있게 묻기보다 자신의 상황만 장황하게 설명하는 경우다. 이때는 수락을 했다고 해도 마음이 개운하지 않은 경우가 많다.

"많이 아프신 건가요?"라고 물어보거나 "도저히 시간이 안 되시겠죠?"라고 할 때, '힘들어도 아주 불가능한 건 아니잖아요'라는 의도로 거절을 재확인하며 상대를 착한 사람의 함정에 몰아넣고 있다면 이때 역시 적절한 거절이 필요하다.

갑작스럽게 부탁을 하는 사람일수록 상대가 거절을 할 수도 있다는 생각을 해야 한다. 상대가 급하게 부탁을 해올 때 상황이 허락하지 않아 거절하게 되는 사람이 죄책감을 가질 필요는 없다는 말이다. 그 사람이 유일한 해결책이 아니라면 "힘드시면 다른 곳에 부탁하면 되니까 편히 말씀해주세요"라고 말하는 것도 일종의 배려다.

연습하다 보면 거절도 편안하게 할 수 있는 날이 온다

거절테라피스트 이하늘은 책 『거절 잘하는 법』에서 대개 거절하지 못하는 사람들은 타인 중심적 사고를 가지고 있고 외부에 쉽게 반응하고 흔들리기 때문이라면서 '타인 중심'이 아니라 '자기 중심'으로 이루어진 삶을 살아야 행복하다고 강조한다. 이기적인 삶을 살라는 말은 아니지만, 적어도 남의 인생에 무게중심을 두지 않으려면 자신이 좋아하고 행복해하는 것들에 집중할 필요가 있다는 의미일 것이다.

엄마로 살다 보면 아이와 남편, 시가, 지인들 등 수많은 목소리에 귀기울이다 보니 정작 자기 내면의 목소리를 듣지 못할 때도 많다. 정신과 전문의 유은정은 타인의 요구에만 맞추느라 자신의 욕구를 무시하고 참아온 사람이라면 '내가 무엇을 원할까'라는 것을 찾고 표현하는 연습이 중요하다고 말한다.

그렇다면 나의 욕구를 어떻게 찾아보면 좋을까? 쉽고 간단한 것부터 생각해보자. '오늘 저녁에 뭘 먹고 싶지?' '지금 하고 싶은 것은 무엇일까?' '여행은 어디로 가고 싶어?' 이런 것들 말이다. "다 좋아요" "아무거나"라는 말은 접어두고 내 욕구를 들여다보면서 무엇을 원하는지 말하는 연습을 해보자. 내 욕구를 알고 표현하게 되면 '싫다' '좋다'도 좀더 명확해지면서 부드러운 거절도 할 수 있게 된다. 나를 위한 '행복연습'이라고 생각하자.

지금이 아니라도
떠날 사람은 떠난다

관계는 양보다 질이다. 나를 솔직히 드러내고 상대를 존중하면서도
원하지 않는 것은 당당히 표현할 줄 아는 건강한 관계를 만들어야 한다.

최근 한 방송에서 개그우먼 이영자 씨가 인간관계가 힘들다며 속마음을 꺼냈다. "다가가면 너무 집착하는 것 같고, 그렇다고 좀 멀리하면 냉정하다고 하고. 인간관계가 항상 제일 힘들다고 생각해. 매번 새로운 어려움에 부딪혀."

사람이라면 누구나 정답이 없는 인간관계가 풀기 힘든 숙제처럼 느껴져 고통스러워할 때가 있다. 오죽하면 유명한 심리학자 알프레드 아들러Alfred Adler도 "인간의 고민은 전부 인간관계에서 오는 고민이다"라고 했을까?

엄마들도 서로의 관계에서 어려움을 겪는 경우가 많다. 특히 관계의 중심이 아이들일 때가 많다 보니, 인간적으로 알아가며 가까워지기까지는 시간이 꽤 걸리기도 한다. 그래서 말과 행동도 조심스러워하는 경우가 많다.

예를 들어 "미경이 엄마예요"라고 소개를 하면 옆 사람에게 그 말을 거들면서 설명한다. "왜 있잖아, 공부 잘하는 부반장 엄마." 이렇게 누군가의 엄마로 서로를 기억하다 보니 내 평판이 아이의 이미지가 될 것 같은 마음이 들어 걱정이다. 한 워킹맘은 엄마 모임에 휴가를 내서라도 최대한 참석해야 마음이 놓인다고 했다. "엄마 모임에 자주 못 나가면 아이한테 친구를 만들어주기 힘들어요. 학원도 마음 맞는 애들끼리 많이 가는데, 우리 애만 빠졌다고 생각해보세요. 얼마나 속상하겠어요."

그뿐만이 아니다. "언젠가 도움을 받을 일이 있을 것 같아서요." "제가 빠지면 우리 아이만 왕따 될까봐서요." 이러한 이유로 부담을 느끼거나 불필요한 자리에서도 꼭 엉덩이를 붙이고 있어야 덜 불안하다는 사람도 많다.

물론 유익한 만남도 있지만, 만남 자체가 목적이 될수록 진심을 담은 사이로 오래 이어지기는 힘들다. 그러다 보니 아이 다툼이 어른들 싸움으로 번지기도 하고, 사소한 오해로 등을 돌리는 일이 종종 생기기도 한다. 만남에 대한 '필요성'이 약해지면 연락도 점점 뜸해지면서 "사람 관계 참 덧없어요"라며 허탈감도 느끼곤 한다.

휴대폰에 저장된 번호는 계속 늘어나지만 정작 보고 싶어 편하게 연락할 수 있는 사람은 몇 없는, 인간관계에서도 풍요 속 빈곤을 느끼게 되는 것이다. 마음이 따뜻해지는 좋은 관계를 잘 다지는 것이 매우 중요하다. 고민을 나누고 위로받을 수 있는 친구도 필요하다.

특히 아이에게 좋은 친구를 만들어주고 싶어 부지런해지는 엄마들이 많다. 하지만 나의 육아 철학을 너무 흔들어놓거나 시간을 지나치게 빼앗겨 '사람 피로도'가 너무 높다면 인간관계의 양보다 질을 우선순위에 두고 조금은 고독해지는 것을 선택해도 좋지 않을까?

진짜 나를 드러낼 수 있는 관계에 설렘도 있다

기업인이면서 강연을 활발히 펼치고 있는 고도 토키오는 『혼자서도 강한 사람』이라는 책을 통해 "자신의 진짜 모습을 드러내지 못하고 주변에 맞추어 살면 언젠가는 정신적으로 힘들어진다"고 했다. SNS와 스마트폰이 보급됨에 따라 늘 누군가와 연결되는 '상시 접속' 시대가 되면서 남들에게 보이는 면만 치중하고, 사람들이 반드시 '함께해야 한다'는 가치관을 갖다 보니 불필요한 인간관계를 맺고 있다는 것이다.

그는 남에게 휘둘리지 않으면서도 즐겁게 지낼 수 있는 좋은 관계를 만들려면 '고독력'이 필요하다고 말한다. '고독력'은 사람들과 관계를 맺으면서도 늘 자신에게 중심을 두고 책임있게 살아가려는 자세를 말한다.

여기에서 강조하는 핵심은 정말 중요한 '내 인생'을 살아가려면 불필요한 관계를 억지로 이어가려 하지 않아도 좋다는 것이다. 의미 없는 수많은 만남은 인간관계의 피로도만 높일 수 있다는 것이다. 하지만 좋은 관계를 만들려면 자신을 드러낼 수 있어야 하니 마음을 터놓을 수 있는 솔직 담백한 사람들과의 관계에 집중하라고 말한다.

"자신의 솔직한 모습을 보여주세요. 감정을 억누를수록 자신을 감추는 것입니다. 그러면 상대에게 의심과 적대심, 불신감과 무관심하다는 느낌을 줍니다. 일단은 자신의 솔직한 모습을 보여주고 상대의 반응을 유심히 관찰하는 자세, 이어서 자신의 말이나 행동을 수정하는 자세를 가져야 합니다."

지금 우리는 어떤가? 머리보다는 가슴으로 대화를 나눌 수 있는 사람들과 서로의 어려움을 공유하면서 좋은 일이 생겼을 때 축하해줄 수 있는 그런 행복한 관계를 만들어가고 있는가? 자신의 모습을 드러내지 않은 가짜 관계들로 인해 지쳐가고 있지는 않은가? 진짜 나를 드러낼 수 있는 관계에 설렘도 있다.

서로에게 설렘을 주는 사람이 되고 싶다면?

불편한 관계에 억지로 나를 맞추지 않으면서도 소중한 관계를 유지해나가려면 어떻게 해야 할까? 문요한은 책 『관계를 읽는 시간』에서 관계에서의 '자기결정권'을 회복하라는 점을 강조하며 '건강한 바운더리'를 만들어야 한다고 말한다. '바운더리'는 "경계border"라는 의미도 있지만 "통로passage"라는 의미도 있다. 건강한 바운더리를 가진 사람은 '자기보호'와 '상호교류'가 조화를 이룬다고 말한다.

"자신을 돌보면서 상대와 친해지고, 당신이 당신의 모습으로 살아가려는 것처럼 상대가 상대의 모습대로 살아갈 수 있도록 존중하고, 갈등을 피하기보다는 풀어갈 줄 알며 상대를 염두에 두되 원치 않는 것은 거절하고 원하는 것은 구체적으로 표현할 수 있게 된다."

반면 건강하지 못한 경계를 가진 사람은 어느 한쪽에 치우치거나 둘 다 제대로 작동하지 못하는 상태라고 설명한다. 우리는 건강한 바운더리를 가지고 있을까?

나도 문득 그런 생각이 들어 휴대폰에 저장된 엄마들의 이름을 쭉 훑어 내려갔다. 2가지 종류의 이름이 눈에 들어왔다. 하나는 '누구 엄마'로, 다른 하나는 그 사람의 이름 3글자로. 편하고 즐거운 사람들은 그 이름만 봐도 나에게 말을 걸어오는 것 같다.

이런 생각도 들었다. '누군가를 만나러 갈 때 설렘이 느껴지는 관계를 만들고 싶고, 나도 누군가에게 그런 기대감을 주는 사람이 되고 싶다.' 나를 솔직히 드러내고 상대를 존중하면서도 원치 않는 것은 당당히 표현할 줄 아는 건강한 관계여야 가능한 일이다.

너무 솔직하면 약점을 드러내는 것 같고 원하는 것을 당당히 이야기하면 관계가 흔들릴까봐 걱정되는가? 그렇다면 그 관계는 언제든 무너질 수 있는 모래성에 불과할 수도 있다.

관계를 망치는
잘못된 조언 3가지

다음의 3가지는 자칫 관계를 망칠 수 있으므로 해서는 안 되는 조언이다.
감정적인 조언, 상대를 잘 안다는 편견에서 나오는 조언, 열등감을 키우는 조언.

살면서 조언이 필요한 순간이 많다. 조언은 사전적인 의미로 '말로 거들거나 깨우쳐주어서 도와주거나 말을 하는 것'이다. '엄마'들은 아이를 키우는 그 위대한 일을 하고 있는 '동지'가 아닌가. 그 사실만으로도 큰 공감대를 형성해 조금이라도 도움이 되려 애쓰고, 상대의 일을 자신의 일처럼 생각해 팔을 걷어붙이기도 한다. 그것이 바로 엄마들 간의 '정'이자 '의리'다.

그런데 종종 그런 좋은 의도와는 상관없이 조언을 통해 상대를 혼란스럽게 할 때도 있다. 우리의 진심이 전해지는 것에 머물지 않고 실질적인 도움까지 될 수 있으면 얼마나 좋을까? 하지만 누군가에게 조언할 때 본의 아니게 놓치는 부분들이 있다.

하나, 지나치게 감정적인 조언

감정에 너무 치우칠 때는 조금 나중에 조언하도록 하자. 다른 사람의 문제는 그 일에 깊이 관여되어 있지 않는 내가 비교적 감정의 지배를 덜 받기 때문에 객관적으로 관찰하고 판단하는 데 도움이 된다. 하지만 내 문제가 되면 일단 '감정'이 작용하기 시작한다.

내 마음의 상처로 인한 고통, 나중에도 같은 일이 생기지 않을까 하는 두려움, 과거에 대한 후회까지 이러한 감정들은 생각과 판단에 영향을 미치기 때문이다.

'자기객관화'를 잘하는 사람은 감정의 지배를 덜 받는 편이기 때문에 일어난 일만을 두고 내가 왜 이런 감정을 느끼는지 나의 현재 상태와 감정을 비교적 잘 들여다볼 수 있다. 그런데 나와 친밀한 사람의 문제를 마주할 땐 이야기가 달라진다. 조언이라는 것 자체가 주관적일 수밖에 없으니 객관적으로 바라보려 해도 이미 감정이 개입된 경우가 많아 쉽지 않을 때가 많다는 거다.

하지만 무엇보다 중요한 건 태풍이 걷혀야만 하늘도 제대로 바라볼 수 있다는 사실을 아는 것이다. 조언을 구하는 사람도 자신의 마음에 큰 바람이 휘몰아치는 것 같다면 극적인 시간을 조금 흘려보낸 뒤에 구하는 것이 좋다. 둘 다 감정에 크게 흔들리고 있다면 그때는 적절한 시간이 아니다.

둘, 내가 상대를 많이 안다는 편견에서 나오는 조언

내 아이의 문제가 아닐 땐 다 안다고 생각하지 말자. 엄마들이 주고받는 이야기들 중 아이와 관련된 것들이 많다. 하지만 아이에게 무슨 일이 생겼더라도 우리 아이만 놓고 문제를 해결할 수 있는 상황이 아닐 때가 많다. 친구와 다툼이나 오해가 생겼을 경우 아이들 사이에서 있었던 일을 객관적으로 보지 않은 이상, 합리적인 판단을 하기 힘들 때가 많다.

하지만 상대가 아이에게 생긴 일 때문에 조언을 구했다 해도 상황을 제대로 '관찰'하지 못한 상태에서 조언해주다 보면 '편견'에 사로잡혀 더 큰 갈등을 낳을 때가 종종 있다. "아는 만큼, 생각이 닿는 만큼 보게 된다"는 말처럼 내 의지와 상관 없이 자동적 사고가 떠올랐을 때 우리가 종종 그것을 사실로 믿을 때도 있기 때문이다.

학교에서 돌아온 형석이는 "민석이가 나에게 바보라고 했어"라며 펑펑 울었다. 그 말을 들은 형석이 엄마는 지인에게 조언을 구할수록 더 화가 났다. "내가 보니까 형석이가 마음이 많이 약한 것 같아. 지난번에 보니까 민석이 걔는 성격이 좀 거칠더라"라는 말에서 어떤 생각이 들었을까? 민석이가 성격이 거칠다고 단정하는 말과 우리 애가 마음이 약하다는 말을 들으니 '아들이 약자'라서 '성격 나쁜 친구에게 괴롭힘을 당한 거야'라는 생각으로 치닫게 된 것이다.

안 그래도 아들이 우는 것을 보며 잔뜩 마음이 상해 있는 터라 결국 민석이 엄마에게 전화로 따져 물었다. "민석이가 우리 애를 자꾸 괴롭히나 봐요. 조심 좀 시켜주셨으면 해요." 그런데 당황스러운 말이 돌아왔다. "네? 그럼, 형석이한테 우리 애 물지 좀 말라고 해주세요. 초등학생이 말이 되나요. 기가 차네요." 형석이 엄마는 자신의 생각과 다른 상황이 전개되자 얼굴이 화끈거리는 것을 느꼈다.

한 인간을 완전히 이해하는 것은 부모도, 자신도 불가능하다. 하지만 의도하지 않았다 하더라도 조언할 때 자신이 보고 느낀 것을 사실이라고 여겨 성급하게 단정짓고 전하다 보면 조언을 구하는 사람뿐 아니라 편견의 대상이 된 사람에게도 좋지 못한 영향을 줄 수도 있다.

그러니 한마디 한마디의 말에는 힘이 있다는 생각을 잊지 말고 신중하게 조언해야 한다. 물론 도와주려는 마음에 내가 본 것, 느낀 것을 최대한 알려주는 마음과 그 진심 자체로도 힘이 되는 순간들도 많다. 하지만 상대의 진정성을 '나를 위한 마음'으로 고맙게 여기면서 그 사람의 말이 다 사실이라는 생각으로 너무 치우치게 되면 위험하다. 이미 그 말로 덧칠된 안경을 쓰고 바라본 세상이 오직 그 색으로 보일 수밖에 없기 때문이다.

상대의 말을 참고하되 최종 판단은 여러 가지 상황을 두루 생각해서 하는 것이 현명하다. 게다가 문제가 잘 해결되지 않을 때 책임은 결국 결정한 본인에게 있다는 것도 알아야 괜히 남 탓도 안하게 된다.

셋, 열등감을 키우는 조언

조언이 열등감만 키울 때도 있다. 상대는 조언을 구했지만 물어본 사람의 의도와는 상관없이 자신이 하고 싶은 말만 하는 경우다. 상대의 말에 귀기울이지 않거나 내가 가능하면 다 할 수 있는 것으로 일반화해서 '현실적이지 않은 말'을 하는 것도 포함된다.

한 엄마는 공부 잘한다고 소문난 반장 엄마가 부러워서 내성적인 성격이지만 용기를 내어 "수학 학원 어디를 보내길래 애가 공부를 그렇게 잘해요?"라고 물었다고 한다. 그런데 실망스러운 대답이 돌아왔단다. "그냥 자기가 알아서 해요. 제가 조금 신경 써서 관리하면 알아서 하더라고요." 학원을 다니면 어디 다닌다, 안 다니면 안 다닌다가 궁금했던 건데 듣고 싶은 얘기는 쏙 빼놓고 가르치는 말로 들려 불쾌했다는 거다. "차라리 알려주기 싫으면 싫다고 하지. 기분이 나쁘더라고요."

또 한 엄마는 지인에게 "2박 3일 저렴하게 여행 다녀올 만한 곳이 있을까요?"라고 물었는데 "해외여행은 3박 4일 정도가 좋고 휴가철이라 비싸긴 해도 여기 한번 가 보세요"라는 말에 '자기 자랑하는 거야?'라는 마음이 든 적도 있단다. 자기과시가 된 경우다. **때로는 그저 상대의 말을 잘 들어주는 것만으로도 좋은 조언이 될 수도 있다.**

의미 없는 친절은 없다.
크든 작든 나를 위해 무언가를 주고 싶다는
상대의 마음이 움직인 것이다.

오늘도 혹시 이 말을 많이 했는가? "엄마는 나중에 먹을게. 괜찮아." "안 아파. 괜찮아." 혹시 습관처럼 감정을 억누르고 있다면 자신에게 이런 질문을 해볼 것을 권한다. "정말 괜찮은 거야?" 어떤 감정이 찾아왔다는 건 그 감정이 나에게 보내는 메시지가 있다는 것을 의미한다. 힘든가? 외로운가? 화가 나는가? 슬픈가? 자신의 생각과 욕구와 감정을 알아야만 표현할 수 있고 알아차릴 수 있어야 다룰 수 있다. 그래야 감정의 진짜 주인이 될 수 있다. 아이도 건강하게 감정을 표현하는 엄마를 보면서 크게 웃는 법을 배운다. 엄마의 감정사용설명서, 지금부터 활짝 펼쳐 보자.

5장

엄마라면 꼭 알아야 할 감정사용설명서

무조건 괜찮다고 하지 말자

엄마도 진짜 행복을 누리려면 "안 괜찮아"라는 말을 할 수 있어야 한다. 생각과 욕구, 감정을 알아야만 표현할 수 있고, 감정을 알아차려야 감정의 주인이 될 수 있다.

살면서 참 자주 하는 말이 "괜찮아요"다. 그런데 세상에는 2가지 종류의 "괜찮아요"가 있다. "이 옷 괜찮아요?"라고 했을 때 "별로 나쁘지 않아요"라는 의미가 있고, "문제 되거나 걱정 될 것 없어요"라는 뜻도 있다.

후자의 "괜찮아요"라는 말에는 2가지 감정이 숨어 있다. 하나는 내 감정을 들여다보지 않고 알아차리지도 못해 습관처럼 이야기하는 거다. 다른 하나는 상대의 간섭이 싫다거나 사양한다는 뜻일 때도 있다.

우리가 자주 말하는 "괜찮아요"는 어떤 얼굴을 가지고 있을까? 내가 하고 싶은 것, 느끼는 것을 바라보지 않은 채 늘 가족만 챙기느라 자신에게 소홀해진 전자의 "괜찮아요"는 아닐까? 가령 "엄마 이거 먹을래?"라고 물으면 "괜찮아. 너 먹어"라고 대답하고, "엄마 안 추워?"라는 말에는 "괜찮아. 이 옷 너 덮어"라고 대답하며 습관처럼 감정을 억누를 때가 많다.

하지만 엄마도 진짜 행복을 누리려면 "안 괜찮아"라는 말도 할 수 있어야 한다. 생각과 욕구, 감정을 알아야만 표현할 수 있다. 감정은 알아차릴 수 있어야 다룰 수 있고 그래야만 감정의 주인이 될 수 있다.

감정을 꾹꾹 눌러 담게 되는 이유

사람에게는 '두뇌 성격'이 있다고 한다. 같은 영화를 봐도 감성적으로 받아들이는 사람이 있고, 상황을 분석하는 데 열을 올리는 사람도 있다. 나는 감정을 많이 억누르는 사람이었다. 나의 "괜찮아요"라는 말은 내가 무엇을 원하는지 어떤 기분인지와 관련된 '욕구'와 '감정'에서 외면된 일종의 '정해진 답'이었던 것이다. 이는 감정을 억눌러온 습관 때문이었다.

나는 학창 시절, 꿈을 펼쳐보기도 전에 부모님의 반대에 마음을 접어야만 했다. 아버지와 갈등을 빚으면서 힘든 일이 있어도 입을 닫게 되는 일이 잦아졌다. 어떤 상황에 대해 잘못된 해석을 내리는 습관적인 사고패턴인 '인지왜곡'에 사로잡혀 있었던 것 같다. '세상에는 온통 포기해야 하는 것 투성이고 내가 할 수 있는 것은 없어'라는 생각이 들어 욕구와 감정을 눌러 담게 된 것이다.

'학습된 무기력'이라는 것이 있다. 피하거나 극복할 수 없는 부정적인 상황에 지속적으로 노출되면서 어떤 시도나 노력도 결과를 바꿀 수 없다고 여겨 시도조차 하지 않는 것이다. 절망하는 습관은 실패할 거라는 확신으로 이어질 때가 많다.

하지만 그런 내 자신이 나약한 것 같아 언젠가부터 '힘들어도 참아야 해' '슬퍼도 안 울어야지'라고 다짐하며 감정을 조금씩 억누르게 되었던 것이다. 물론 나중에 부모님의 마음을 이해하고자 노력하게 되면서 알게 되었다. 말로 표현하지 않으셨을 뿐, 또 내가 철이 없어 느끼지 못했을 뿐, 깊이를 알 수 없을 만큼의 무한한 사랑을 받고 있다는 것을 알게 되면서 상처가 치유될 수 있었다.

정서와 얼굴표정 등에 대해 연구한 미국의 심리학자 폴 에크만Paul Ekman은 인간의 감정체계는 긍정적인 감정은 최대화하고 부정적인 감정은 최소화하려는 행동으로 우리를 이끌어간다고 했다. 사람들이 대개 감정을 누르게 되는 이유는 슬픔, 외로움, 수치심, 괴로움 같은 부정적인 감정을 나쁜 감정이라 생각해서다.

길에도 오르막과 내리막이 있듯이 부정적인 것이든 긍정적인 것이든 사람의 감정은 자연스러운 본능이다. 하지만 화산도 겉으로는 아무렇지 않게 보이지만 속에서 끓어오르다 폭발하게 되는 것처럼 나쁘다고 여기는 감정도 자꾸 누르다 보면 좋을 때는 표현되지 않다가 나쁠 때는 분노가 되어 확 터져 나올 수도 있다.

내 감정과 친해지면
새롭게 보이는 세상이 있다

아이를 기르며 마주하게 되는 감정들은 무엇보다도 큰 선물이다. 자신의 감정을 잘 알아차리는 사람은 엄마가 되면서 느끼는 기쁨, 짜릿함, 뭉클함까지 다양한 감정과 만나면서 새로운 행복을 느낄 수 있다. 또 슬펐다는 걸 알기에 기쁨의 의미를 더 깊이 알 수 있고, 좌절감을 느꼈기에 성취의 의미를 더 크게 느낄 수 있다. 내 감정과 친해지면 새롭게 열리는 세상이 있는 것이다.

'감정 알아차림'이 중요한 이유는 나 자신을 더 잘 알 수 있기 때문이기도 하다. '그래서 슬펐구나.' '속상한 이유가 있었구나.' **이렇게 내가 느끼고 있는 것을 깨닫고 깊이 이해할 수 있게 되면서 감정조절에 점점 능숙한 진짜 감정의 주인이 될 수 있는 것이다. 또한 아이의 감정도 잘 바라보며 민감하게 반응해줄 수 있다.**

아이가 넘어져서 울 때 "깜짝 놀랐겠다" "아프고 속상하겠다"

처럼 그 상황에서 느낄 수 있는 감정을 이야기해주고 공감해주면 아이도 "갑자기 넘어져서 깜짝 놀랐어요"라면서 자신의 감정을 이해하게 된다. 그러면서 감정표현에 점점 능숙해질 수 있을 뿐만 아니라 사춘기 시절의 어려움도 부모와의 대화로 비교적 잘 풀어나가기도 한다.

우리가 스스로에게 자주 건네야 하는 말이 있다. 바로 "괜찮아"라는 자기위로다. 힘든 일이 있을 때 자신이 가진 것들을 사용해 불안이나 우울을 줄일 수 있는 능력을 말한다. 정서적 고통을 느끼게 될 때도 편안한 상태로 돌아오게 하는 데 도움이 된다고 한다.

손뼉을 치며 크게 웃는 것을 박장대소라고 한다. 요즘 나는 눈물까지 흘리면서 웃을 때도 있다. 그러면 아이가 쪼르르 달려와 묻는다. "엄마 뭐가 그렇게 웃겨? 뭐 좋은 일 있어?" 아이도 건강하게 감정을 표현하는 엄마를 보면서 크게 웃는 법을 배운다.

● **내 감정에 이름표 붙이기(예시)**

서운함	고마움	통쾌함	외로움
죄책감	감격스러움	다행스러움	지겨움
서글픔	행복	애틋함	뭉클함
초라함	뿌듯함	측은함	후련함

아이에 대한 불안과 걱정에서 벗어나기

걱정과 불안이 지나치면 이성을 마비시켜 육아의 방향성을 잃게 만들 수 있다.
혹시 일어나지 않을 걱정에 미리 지나치게 사로잡혀 있진 않은가?

엄마들은 걱정이 참 많다. "우리 아이는 키가 작아요." " 너무 소심해요." 지금 하는 걱정도 모자라 오지도 않은 미래에 대한 걱정을 사서 하기도 한다. "이렇게 공부 안 하다간 너 나중에 취직도 못 한다."

적당한 불안과 걱정은 아이를 더 안전하게 돌보고 좋은 육아 방향을 모색하기 위한 동기부여가 되기도 한다. 하지만 불안과 걱정이 과해지면 긴장감이 몰려와 상황 판단을 객관적·합리적으로 하기 힘들어진다. 이때 뇌는 자동으로 몸에도 반응을 일으킨다. 걱정거리를 생각하게 되면 심장이 빨리 뛰면서 온몸의 피가 빨리 순환하게 되고, 체온이 올라가거나 땀을 흘리기도 한다.

불안이 상상력과 만나 증폭된 것이 걱정이다. 쓸데없는 걱정을 줄이는 일이 우리 안의 불필요한 에너지를 덜 쓰는 일이건만 완벽주의자이거나 집착이 심한 사람일수록 걱정이 너무 많아서 자신을 더 괴롭힌다.

하지만 "걱정의 90%는 일어나지 않을 일에 대한 것이다"라는 말도 있지 않은가? 걱정과 불안이 지나치면 이성을 마비시켜 육아의 방향성을 잃게 만들 수 있다. 혹시 우리도 일어나지 않을 일에 대한 걱정에 미리 지나치게 사로잡혀 있는 건 아닐까?

미래에 대한 불안은 내 과거에서도 온다

우리는 엄마들과의 대화부터 TV 광고, 조기교육을 부르는 사교육 마케팅까지 불안감을 조장하는 환경에 많이 노출되어 있다. '결정적 시기'가 있다는 말도 때로는 불안감을 높인다. "제가 잘 몰라서 애를 너무 뒤처지게 만든 것 같아요."

아이들의 성장과 발달에 중요한 시기를 알고 적절한 양육환경을 만들고자 관심을 쏟는 것은 중요하지만 세상 그 어디에도 절대적인 기준은 없다. 노력만으로 상황을 바꿀 수 없는 경우 그저 아이를 믿고 지켜보는 게 최선일 때도 있다.

무엇보다 지나친 불안감은 육아의 방향성을 흔들게 된다. "너 그림이 그게 뭐니, 미술학원 좀 다니자." "선행 안 해놓으면 나중에는 애들 못 따라가." 현재가 불안하니까 자꾸 아이를 움직여 상황을 변화시키려 하는 것이다. 아이도 엄마의 흔들리는 마음에 따라 정신없이 움직이려니 힘이 부친다.

더욱이 무언가를 배우거나 해야 할 때 엄마의 불안감을 해소하기 위한 목표로부터 시작하게 되면 아이가 배움의 즐거움을 느끼기 쉽지 않다. 평가받아야 하는 긴장 속에 놓이게 되기 때문이다.

오지도 않을 미래에 대한 불안감은 바쁘고 초조하며 불확실성이 큰 사회에서 커지기도 한다지만 우리의 과거에서 오는 것일 때도 있다. "성적이 이래서 앞으로 뭐가 되려고 그러니." "다른 애들은 발표도 잘하는데 이것도 못하면 나중에 사회생활 어떻게 하려고 그러니." 어린 시절 기억 속에서 공부를 못해 자존감이 낮았던 소녀의 모습, 발표할 때 늘 작게만 느껴졌던 소심했던 아이의 모습을 발견했기 때문일 수도 있다.

하지만 아이에게서 실패한 엄마의 과거를 보지 말자. 자신의 실수를 되풀이하지 않게 하려는 엄마의 마음은 아이에게 억압과 스트레스를 주게 되어 '엄마처럼 되지 않을 것' '엄마처럼 살지 않을 것'이라는 반항심을 키워줄 수도 있다. 과도한 불안은 아이에 대한 기대를 높여 불안의 악순환을 낳고, 비난으로 이어지기도 한다.

'스티그마 효과'라는 것이 있다. '낙인효과'라고도 하는데 "넌 왜 그것도 못하니!" "넌 왜 그 모양이니." 이런 식으로 한번 나쁜 사람으로 여겨지면 자꾸 나쁜 행동을 하려는 것을 말한다. 그렇다면 부정적인 생각을 긍정적인 생각으로 바꾸기 위해 어떤 노력을 해야 할까?

생각이 너무 많을 때 생기는 일

부정적인 생각은 관성과도 같아서 자주 하면 습관이 된다. 그러니 부정적인 생각을 멈추는 습관이 곧 불안을 멈추는 길이 될 수 있다.

세계적인 치유심리학자 브렌다 쇼샤나Brenda Shoshanna는 "걱정 많은 사람들의 99%가 생각중독자이고 걱정이 성공을 방해하는 요소가 될 수 있다"고 했다. 생각이 너무 많은 상태를 '정신적 과잉활동'이라고 한다. 별 의미 없는 생각이 꼬리에 꼬리를 물게 되기도 하고 피곤한데 잠이 안 오거나 아무리 쉬어도 쉰 것 같지 않은 상태가 지속되기도 한다

우리의 뇌는 자극적인 감정을 더 쉽게 받아들인다. 불안과 두려움 같은 부정적인 감정을 자극적으로 받아들인다. 그래서 때로는 '부정적인 생각 멈춤' 연습도 필요하다. 부정적인 생각습관이

생길뿐더러 엄마의 불안이 아이에게 전해지기 때문이다. 아이도 부정적인 생각이 습관이 되면 오지 않을 미래의 일에 대한 불안감을 가지기도 한다.

예를 들어 "주말에 놀이동산에 가자"라고 했을 때 "비가 오면 어떻게 하지?"라며 걱정하기도 하고, 시험을 앞둔 아이가 "망치면 어떻게 하지"라며 실패를 미리 떠올리기도 한다. 우리도 의식적으로 긍정적인 것에 주의를 기울여야 부정적인 생각습관을 버릴 수 있다.

자주 걱정한다고 일이 더 잘 해결되는 것도 아니다. 어느 작가는 걱정이 자꾸 떠올라 자신을 괴롭힐 때 머릿속에 '생각상자'가 있다고 여기고 부정적인 생각을 그곳에 가둬두는 이미지를 상상하곤 했다고 한다. 어떤 방식이든 불필요한 걱정 때문에 방해받고 있다면 긍정적인 생각으로 전환해보자. "기운 내, 넌 잘할 거야." 이렇게 긍정의 말을 자주하면 말하는 사람의 뇌도, 듣는 사람의 뇌도 긍정의 언어에 부드럽게 젖어들게 된다.

특히 감정과 지능은 긴밀하게 연결되어 있어 아이들도 마음이 편안한 상태에서는 무엇이든 빠르게 배우고 받아들인다. 아이들이 무언가를 배우거나 부모의 의도를 전할 때도 더 잘 이해하고 받아들일 수 있는 방법이기도 하다.

'피그말리온 효과'라는 것도 있지 않은가? 다른 사람에게 기대하거나 예측하는 것이 실현되는 것을 말한다. 하버드 대학교의

로버트 로젠탈Robert Rosenthal 교수가 미국의 초등학생들을 대상으로 한 실험을 통해 긍정적인 기대가 중요하다는 것을 보여주었다. 교사가 학생들에게 성적이 좋아질 것이라는 긍정적인 기대를 가지고 격려했더니 학생들이 더 노력해서 성적이 향상되었다는 것이다.

가능성이 무궁무진한 아이들에게 "넌 잘 할 수 있을 거야"라는 응원과 격려로 긍정적인 생각을 열어주자. 그러면 아이들도 밝은 미래를 꿈꿀 수 있을 것이다.

엄마가 되고 난 뒤 결정장애가 생겼다면?

결정이란 내가 선택하지 않은 것에 대한 미련을 버리는 것도 포함된다.
누구나 부족한 것이 있고 우리의 삶은 실수를 통해 배우고 성장한다.

"후회 없이 잘 선택하고 싶어." 누구나 갖고 있는 마음이다. '짜장면을 먹을까? 짬뽕을 먹을까?'도 고민되는 마당에 아이와 관련된 일들에 대한 선택의 기로에서 마음의 갈등을 겪을 때가 참 많다. "어린이집은 어디로 보낼까? 육아용품은 뭘 사지?" 심지어 미세먼지 수치가 좀 높다 싶을 땐 "무조건 집으로 직행"이라고 외쳤다가도 아이가 떼를 쓰면 '잠깐은 괜찮을까?'라고 생각을 바꾼다. 말 그대로 온갖 것들이 선택의 연속이다.

더 좋은 것을 주고 싶고, 잘 하고 싶은 마음도 큰 데다 왜 이렇게 또 선택할 건 많은지! 선택의 기준이 높아지고, 여러 번 따져보다 보니 단번에 결정하기 쉽지 않을 때가 많다.

결국 결정하기까지 너무 많은 시간과 에너지를 쓰게 되면서 '나 혹시 결정장애 아니야?' 이런 마음까지 들게 되는 것이다. 그렇다면 결정을 너무 잘해야 한다는 부담에서 벗어나려면 어떻게 해야 할까?

잘 선택하려는 마음이 너무 큰 엄마들의 결정 완벽주의

완벽하려는 마음이 결정을 힘들게 한다는 사실을 깨닫자. 평소 우리가 먹는 음식이나 옷은 금세 고르는 데 반해 유독 아이와 관련해서는 '실수하면 어쩌나'라는 이유로 망설일 때가 많다. 엄마가 조금만 더 노력하고 더 많이 알아보면 된다는 생각이 결정을 망설이게 한다.

나도 글을 쓸 때 무엇을 쓸까 고민이 길어질 때는 대부분 '잘하려는 마음이 지나치게 클 때'였다. 완성도가 높은 글이 나올 때도 많았지만 간혹 너무 긴 고민으로 시간에 쫓겨 오히려 허둥지둥 글을 마무리해야 할 때도 있었다. 물론 충분한 시간과 노력을 들여서 좋은 결과가 나오는 경우도 많다.

하지만 아이를 키우는 일에는 변수가 워낙 많기 때문에 들인 시간과 에너지만큼 반드시 좋은 결과로 이어지는 것은 아니다. 밤 늦게까지 쇼핑몰을 검색한다거나 하루 종일 전화기를 붙들고 주변 엄마들에게 어떤 유치원이 좋은지 설문조사 아닌 설문조사를 한다. "난 최선을 다했어." 이런 자기만족이 있어야 미련을 덜 남길 수 있다고 믿으면서 말이다.

아동정신분석의 거장 도널드 위니컷은 "훌륭한 엄마와 그렇지 않은 엄마의 차이는 실수를 범하는 데 있는 것이 아니라 그 실수를 어떻게 처리하는가에 있다"고 말한다. '혹시 잘 못되면' '내가 실수로 놓쳤으면 어쩌지'라는 생각으로 자신을 자꾸 괴롭히다 보면 실수를 한 뒤에도 상황을 합리적으로 처리하기 힘들다. 더욱이 실수는 아직 일어나지도 않은 미래의 상황이다. 일어나지도 않은 일을 과하게 걱정하다 보면 눈앞에서 나를 보며 웃고 있는 행복조차 바라보지 못할 수도 있다.

"만반의 준비"라는 말이 있다. 올림픽 국가대표나 큰 대회를 앞둔 선수들이 인터뷰를 할 때 자주 하는 말이다. "만반의 준비를 위해 최선을 다하겠습니다"라는 말은 "열심히 하겠다"는 말보다 비장함이 더 느껴진다.

"육아는 장거리 레이스"라는 말이 있다. 만반의 준비를 하는 마음으로 모든 선택에 완벽을 기하려다 보면 즐거워야 할 육아에서 만족감을 느끼기보다 결과에 책임을 져야 한다는 마음 때문에 부담이 커질 수밖에 없다.

우리는 실수를 통해 배우고 성장한다

"난 제대로 결정할 자신이 없어" "뭐가 나은지 도저히 모르겠어"라면서 다른 사람에게 결정권을 미루는 경우도 있다. 남편에게 큰 결정을 맡기거나 심지어 아이가 좀 컸다 싶으면 부모가 결정해야 할 일을 "네가 결정해"라면서 맡겨버리는 경우도 종종 있다. 학부모 모임에서 큰 결정을 내릴 때도 뒤로 빠져 있는 건 모든 상황에 다 따르겠다는 의미이기도 하지만 결과에 대한 걱정이나 부담을 지지 않고 싶다는 의미이기도 하다.

자신이 결정하지 않은 일의 결과에 대한 책임에서 거리를 두기가 쉽다고 여기는 것이다. 또 어릴 때부터 결정의 순간마다 부모님의 의견을 따라왔다면 스스로 결정하는 일이 힘들 수밖에 없고, 남에게 의지하려는 성향이 강한 경우도 많다.

하지만 매 순간 너무 많은 고민을 하는 자신을 두고 자책하지는 말자. 아이를 사랑하는 만큼 '행여 나쁜 영향을 미치지 않을까'라는 불안과 걱정 때문에 망설이는 것일 뿐이니까. 실수를 해도 괜찮다. 삶에 완벽이란 있을 수 없고, 후회 없는 인생도 없다.

'모든 결정에 100% 만족은 없다'는 생각도 해보자. 상황에 맞춰 작은 결정부터 하나둘씩 해보고 결정 범위를 조금씩 줄여보면 완벽은 아니더라도 조금 더 현명한 결정을 내리는 데는 도움이 될 수도 있다. 구체적으로 어떻게 하면 좋을까?

우선 결정을 위한 선택지를 줄여보자. 적어도 고민의 범위는 줄일 수 있다. 선택 범위를 너무 줄이게 되면 쉬운 일에만 매달리려 하거나 그 또한 선택을 피하려 하는 일이 될 수 있지만, 선택의 어려움과 시간은 줄여줄 수 있다.

"최선의 선택은 고민하는 시간에 비례하지 않는다"는 말이 있다. 고민을 무한 반복하지 않으려면 적절히 제한을 두는 것도 도움이 된다. 가령 쇼핑을 할 때는 "한 시간만 인터넷에서 검색하고 고를 거야" "교육기관은 3곳만 딱 알아보고 그 중에서 정할 거야" 처럼.

혼자 선택하기 힘든 상황이라면 결정도 함께 해보자. 여행지나 집안 행사를 치를 장소와 같이 여러 사람이 그에 따라 움직여야 하거나 비용이 크게 드는 곳은 남편이나 가족과 함께 정해보자. 이때도 분위기, 음식, 비용, 모든 것을 다 만족할 만한 곳을 찾는다는 생각보다는 '이건 꼭 있어야 해'라고 생각하는 것 몇 가지만 압축해보는 것이다.

남편이든 아내든 한쪽이 혼자 책임의 부담을 떠안지 않도록 일단 결정한 것에 대해서는 비난하지 않는 것도 중요하다. 결정을 맡긴다는 건 그 결정에 따른 다른 생각을 존중하고 따르겠다는 의미이기도 하니까.

그런가 하면 누구에게도 어떤 것에도 방해받지 않고 결정에만 집중할 수 있는 시간을 20분이나 30분, 이런 식으로 너무 길지 않게 한정해보자. '집안일 하고 난 뒤' '아이들 밥 먹인 뒤'처럼 편안한 시간도 좋다. 하루 중 컨디션이 가장 좋고 머리가 맑을 때, 아무도 없고 조용히 생각할 시간이 확보될 때가 최상의 시간일 때도 있다.

마지막으로 결정이란 내가 선택하지 않은 것에 대한 미련을 버리는 것도 포함된다는 것을 생각하자. 이 말을 잊지 말자. "누구나 부족한 것이 있고 우리의 삶은 실수를 통해 배우고 성장한다."

분노를 멈추는 비상버튼 찾는 법을 배우자

분노가 정점에 달하는 시간은 15초라고 한다. 화가 치밀어 오를 때는 숨을 크게 내쉬어보자. 분노 호르몬은 15초면 사라지므로 15초만 견뎌보자.

부모의 감정조절에 대해 쓴 칼럼을 본 한 엄마가 메일을 보내온 적이 있다. "아이에게 자꾸 화를 내고 돌아서면 후회가 돼요. 그런데 참을 수가 없어요."

그 후 그 엄마에게 도움이 될까 싶어 '화를 덜 내는 부모 되는 법'에 대한 글을 쓰고 오디오클립으로도 전했는데 위안이 되었다는 메일을 여러 통 받았다. "화를 무조건 참아야 한다고 생각하니 괴로웠는데 화가 나는 것도 조절할 수 있다는 생각을 하니까 얼마나 위안이 됐는지 몰라요." "화를 내지 말라는 것이 아니라 화를 덜 내는 것으로도 충분하다고 하니 저도 할 수 있을 것 같아요." 이런 내용들이었다.

화를 무조건 참는 것이 능사는 아니다. 마음속에 꾹꾹 눌러 담은 화는 결국 스트레스가 되어 신체증상으로 나타나기 때문이다. 그뿐만 아니라 마음속에 쌓인 화는 정서적으론 우울감이나 불안감 등으로 표출되기도 한다. 그렇다면 화를 덜 내는 부모, 아니 적어도 화를 폭발시키는 횟수를 줄이는 부모가 되려면 구체적으로 어떻게 해야 할까?

화가 난다는 것은 내 안의 어떤 것이 건드려졌다는 것

'화'나 '분노'를 비롯해 모든 감정들은 어떤 '자극'을 통해 생기게 되는 '결과'다. 상대의 말과 행동에 의도가 있었건 없었건 내 안의 무언가가 자극을 받았거나 불꽃이 일었을 수 있는 것이다. 엄마가 아이 때문에 화가 났다면 아이가 한 말, 떼를 쓰는 행동, 울음 등 어떤 것이든 자신 안의 무엇인가가 자극을 받았기 때문이다.

예를 들어 자존심이 건드려졌거나 어린 시절의 상처가 건드려져 슬픔이 되살아났을 수 있다. 혹은 권위적인 아버지로부터 꾸지람을 들어 자주 울고말았던 어린 시절의 불안감이 자극되었을 수도 있다. '아이는 밝게 키워야 하는데'라고 생각했었는데 아이가 자꾸 자신의 나쁜 성격만 닮는 것 같아 실망스러운 마음이

'화'로 표출될 수도 있다.

해결되지 않은 일 때문에 속상해서, 내 행동이 부끄러워서, 내가 '옳다고 믿는 것'을 상대가 틀리다고 하니 화가 나기도 한다. 우리는 언제 화가 나는가? '화'라는 옷을 입은 진짜 감정의 모습은 무엇일까?

수치심, 후회, 짜증 같은 감정들을 모두 뭉뚱그려 '화'라고 말할 때가 많다. 하지만 불안해서 두려움을 느끼거나 자존심이 상해서 수치스러운 경우 등의 감정에는 다 이유가 있다. 우리가 감정에 이름을 붙이는 동안 이성적인 생각을 할 수 있어 '감정 뇌'에서 '이성 뇌'로 돌아올 수 있다고 한다.

감정에서 한 걸음 떨어져 내 감정이 어떤지 객관적으로 인식하는 것을 '메타무드'라고 한다. 자신의 감정 변화를 당시의 상황 및 대화 내용과 함께 기록하고 '가슴이 답답하고 숨이 가빠졌다'처럼 내 신체 반응은 어땠는지 적어놓고 인식하려 노력하자. 그러면 내 감정을 객관화해서 바라보는 데 도움이 된다.

과속하는 자동차에서
브레이크를 밟으려면?

감정인식에 능숙해지면 이전보다 감정을 잘 조절할 수 있게 되고, 화를 내다가도 지금 내가 크게 화를 내고 있다는 사실을 예전보다 더 잘 알아차릴 수 있다. 감정이 과해진다 싶을 땐 나에게 멈추자는 신호를 보낼 수도 있다. 자동차처럼 과속을 하다가도 알아차리게 되면 위험할 때 '삑' 하고 급정거를 할 수도 있다. 그러면 적어도 계속 달리다가 큰 사고를 내지는 않을 수 있다.

아이로 인해 화가 났더라도, '감정 신호등에 깜빡깜빡' 빨간 불이 켜졌더라도 내 감정의 수위가 올라가고 있다는 것을 알아차리는 순간 '멈춤버튼'을 누르는 단계로 나아갈 수 있다. 감정에 휘둘리지 않아야 상황 판단을 잘할 수 있고, 해결책을 적절히 떠올릴 수 있다.

엄마가 자신의 감정을 폭발시키게 되면 무슨 말을 해도 아이는 불안하고 무서워 엄마의 말이 잘 들리지도 않고, 이해도 되지 않을 때가 많아 결국 서로 힘만 빼는 일이 될 수도 있다. 더욱이 아이가 커갈수록 반항하는 마음만 커져 엄마의 말을 귓등으로 흘릴 수도 있다.

축구 경기를 할 때도 감정을 제어하지 못하면 반칙을 하고, 급기야 심판에게 항의를 하다가 경고를 받기도 한다. 더 큰 문제는 화를 다루지 못하면 이후의 경기에도 지장을 줄 수 있다는 것이다. 이처럼 엄마의 화가 제어되지 않으면 비난의 말을 마구 쏟아내어 아이에게 상처를 주기도 한다. 한번 뱉은 말을 다시 주워 담지 못하다 보니 아이와의 관계에도 좋은 영향을 주지 못한다. 감정이 끓어오르는 것을 제어하지 못하면 엄마 자신도 힘들어진다.

인간의 분노가 정점에 달하는 시간은 15초라고 한다. 화가 치밀어 오를 때는 숨을 크게 내쉬어보자. 분노 호르몬은 15초면 사라진다.

숨을 크게 몇 차례 내쉴 때 금세 지나가는 3초도 매우 중요하다. 그 안에 분노에 기름을 붙이게 될 것인지, 불붙지 않고 가라앉게 될 것인지 결정된다고 한다. 숨을 크게 쉬거나 화가 난 장소를 피해 다른 곳으로 가게 되는 동안 분노 호르몬이 조금씩 사그라들 수 있다.

감정조절에 능숙해지면 어떤 감정을 얼마나 깊이 느끼고 있고 어떤 영향을 주게 될지도 생각해보게 된다. 감정이 아무리 격해져도 폭발한 뒤의 상황까지 떠올려보며 일을 크게 만들지 않는다. 그래서 '화가 폭발하기 직전'이다 싶을 때도 '시간이 지나면 후회할 거야' '지금 내 감정을 조절하지 못해 분노가 치미는 거야'라는 생각에 닿게 되면 끓고 있는 내 감정에 '멈춰'라는 신호를 보낼 수 있게 된다.

"화를 낸다는 것은 곧 후회할 말을 하는 것이다"라는 말도 있다. 아무 말이나 쏟아낼 때도 있지만 아이는 감정의 하수구가 아니다.

엄마의 화가 풀린 이후라도 정작 아이는 폭풍처럼 휘몰아친 엄마의 감정을 밖으로 내보내지 못해 오랜 시간을 가슴을 쓸어

내려야 할 수도 있다. 어른보다 감정조절에 더 미숙하기 때문이다. 그런 아이의 모습을 보면서 엄마도 후회하고 자책하기를 반복한다.

엘사 푼셋Elsa Punset의 책 『인생은 단 한 번의 여행이다』에서는 "우리가 화를 내면 우리는 납치의 희생자가 되어 자동반응의 인질이 된다"고 말한다. 분노를 멈출 수 있는 비상버튼을 누를 수 있도록 노력해보자. 감정에 휘둘리지 않는 진짜 내 인생의 주인이 되고 싶다는 간절함만 있다면 충분히 누를 수 있다.

● 화가 날 때의 '나' 되돌아보기

- 나는 아이가 (내 말을 들어도 못 들은 척하는) 행동을 보일 때 화가 난다.
- 나는 남편이 (집이 왜 이 모양이야)라는 말을 할 때 분노가 생긴다.
- 화가 많이 날 때 (가슴이 두근거리고 숨이 가쁜) 신체 반응을 느낀다.
- 아이에게 화가 났던 진짜 이유는 (성적이 낮게 나와서 불안하다고) 느꼈기 때문이다.

상처 주는 습관,
어떻게 하면 버릴 수 있을까?

상처 주는 습관이 오늘의 행복을 바라보는 눈을 가리게 하지 않으려면
비난을 멈추고 나를 솔직히 들여다보자. 나를 사랑하는 연습의 시작이다.

사소한 상처들을 주고받으면서도 알지 못한 채 지나치는 경우가 많다. 사람들은 그것이 '비난'이라는 것을 모른 채 입술로 상처를 입히고 결국 그 상처는 깊어지다 곪아터지곤 한다. 그렇게 깊이 패인 감정은 쉬이 낫지 않는다. 작은 실수나 실패에도 '나는 뭘 해도 안 돼' '난 쓸모 없는 사람이야'라며 스스로를 괴롭히고 책망한다. 상대를 향했던 비난이 자신을 향한 비난으로 바뀌면서 자신을 다시 상처 입히는 것이다. '자기비난'은 마음 깊은 곳에서 자신의 무능함을 탓하고 약점을 들추면서 더 큰 상처를 만든다.

과거에 상처 입은 기억들과 만날 때는 더 깊게 베인 듯 아프다. 어떤 감정이든 나쁜 감정은 없다. 그 감정을 받아들이고 보완하려 노력한다면 내 성장에 도움이 될 수도 있으니까. 하지만 스스로를 비난하는 것은 평생 몸에 밴 '생활습관' 같은 것이라서 태도를 바꾸지 않으면 나를 상처 입히는 일상을 바꾸기 힘든 것이 사실이다.

상처 입은 나를 대하는 자세

뭐든지 더 잘하려는 마음에 '자기비난'을 멈추지 못할 때가 많다. '아이 하나 제대로 못 가르치는 내가 한심해.' '애가 한 말에 화를 내는 나는 어른도 아니야.' 비난은 멈추지 않으면 눈덩이처럼 커져 나를 괴롭히다가 내가 그 눈덩이에 깔려 일어서지 못하는 순간 우울증으로 변하기도 한다. 나보다 좋은 집에 살고 멋진 차를 타고 자신감이 넘치는 사람과 끊임없이 비교하며 자기를 비하하기도 한다.

어느 책에서 본 문구다. 나도 모르게 자기비난을 하게 되면 이 문구를 떠올려보곤 한다. "자신을 비난하는 것과 무언가를 바꾸고자 하는 것은 다른 것이다." "비난은 변화가 아닌 슬픔과 괴로움이다." '현재의 나'를 부정하고 내게 주어진 것들에 감사하지 않는 태도가 계속되면 그 하루하루가 모여서 만들어진 미래 역시 행복할 수 없다.

그러니 지나간 기억 때문에 괴로워하고 내 탓이라고 여기고 있다면 자기비난을 반복하고 있는 나와의 대화를 점검해보자. 적어도 나에게 들려주고 있는 목소리가 '아, 이건 비난이구나'라는 걸 알아차려야 한다는 말이다. **자신에게 실수할 자유를 주면서 스스로를 안아줄 수 있어야 앞으로 계속 나아갈 수 있다.**

자기비난을 멈추면 오늘의 행복을 볼 수 있다

의도하지 않았더라도 아이를 끝없이 야단치고 탓하고 비교하면서 불평하고 있지는 않은가? 아이에게는 엄마의 반복적인 비난이 무엇보다 큰 상처가 될 수 있다.

아이들은 우리의 말과 행동을 스펀지처럼 받아들이고, 엄마가 자신에게 보여주는 모습을 거울로 삼아 자신에 대한 이미지를 형성한다. 아이에게 보여주는 엄마의 따가운 눈빛, 가시 같은 말투가 또 다른 형태의 비난이 되어 아이에게 상처를 줄 수 있다.

아이들은 때로 엄마의 자기비난을 자기 탓이라 생각하기도 한다. 말의 문맥을 정확히 간파하는 능력이 부족한 데다 엄마의 말 너머에 있는 마음까지 헤아리긴 더더욱 힘들기 때문이다.

말로 입은 상처로 아이의 자존감이 많이 낮아져 있다면, 무심

코 던진 한마디라도 자신을 향한 비난으로 여길 수 있다. 예를 들어 엄마가 불안하고 초조한 말투로 "너무 힘들다"라고 했거나 "내가 몸이 또 아프네. 진짜 못 살겠다"라고 했을 때 아이가 "엄마, 나 때문이야?" "내가 힘들게 한 거야?"라며 오해할 수도 있다.

겉으로 드러내는 건 그나마 낫다. 아이가 속으로만 삭이다가 "난 쓸모 없는 존재야" "난 뭐 하나 잘하는 게 없어"라는 말로 받아들여 열등감을 키우는 경우도 있다. 이런 경우에는 아이가 자라서 자기비난으로 자신을 괴롭히는 엄마가 되는 악순환이 이어질 수 있다.

불평불만을 하지 않고 화를 내지 않는 가정이 어디 있겠냐만은 끊임없는 자기비난은 엄마도, 아이도 같이 상처 입힐 수 있다. 자기비난을 멈추려면 어떤 생각에서 벗어나야 할까?

고코로야 진노스케는 책 『더이상 참지 않아도 괜찮아』에서 끊임없는 자기비난을 멈출 수 있는 '생각전환'의 방식에 대해 이야기한다. "처음부터 스스로를 쓸모없는 인간이라고 생각하고 있었던 겁니다. 큰 목표를 달성하거나 민폐를 끼치지 않고 남에게 도움이 되어야 사람들에게 인정받고 사랑받으며 행복해질 수 있다고 믿고 있었던 겁니다. 요컨대 있는 그대로의 나다운 모습으로는 사랑받지 못한다고 생각하고 있었던 겁니다."

책 『굿바이, 게으름』에서 문요한은 과거의 상처나 실패, 자기비난에서 벗어난다는 것은 손상된 '자기가치감sense of selfworth'을 회복한다는 의미라고 말한다. 하버드 대학교 교육학과 조세핀 킴Josephin Kim 교수는 자존감을 구성하는 2가지 핵심 요소로 '자기가치감'과 '자신감'을 꼽았는데, 결국 자기가치를 안다는 것은 나를 존중하고 사랑하는 마음인 자존감을 회복하는 길이기도 하다.

나를 상처 주는 습관이 오늘의 행복을 바라보는 눈을 가리지 않게 하려면 이제 비난을 멈추고 나를 솔직히 들여다보자. 있는 그대로의 모습을 받아들이는 것이 나를 사랑하는 연습의 시작이다.

● **비난을 멈추는 연습**

습관적으로 하는 자기비난의 말은 무엇인가요?
1.
2.
3.
4.
5.

● **비난하는 습관 점검하기**

아이에게 자주 던지는 비난의 말은 무엇인가요?
1.
2.
3.
4.
5.

비난의 말은 부메랑처럼 나에게 다시 돌아온다

솔직한 마음을 말에 표현한다면 아이도 자신이 바라는 것을 감정에 휘둘리지 않고 담백하게 표현할 수 있게 된다. 그러면 대화가 잘 통하는 가정이 될 수 있지 않을까?

생각과 감정을 표현하는 것은 바로 '말'이다. 그런데 그 말이 마음과 다른 모습일 때가 많다. 우선 감정을 잘 인식하지 못하고 외면하고 있는 사람은 본래의 감정과 다르게 말할 때가 많다. 슬플 때도, 후회가 될 때도, 심지어 질투가 날 때까지도 다 '화'로 풀어내는 것이다. 자신에 대한 불만을 상대의 탓으로 돌리면서 질책하기도 한다.

위로가 필요할 때도 "대화 상대가 필요해"라는 말을 하지 못해 상대가 몰라주는 것 같고 세상이 야속하게 느껴진다며 거친 말을 쏟아낼 때도 있다. 흔히 하는 착각은 '말을 안 해도 상대가 알아줄 거야'다.

하지만 나도 모르는 내 마음을 상대가 알 수도 있을 거라 믿는 것은 '욕심'에 불과하다. 마음과 일치하지 않는 말은 오해를 만들기도 하고, 뜻하지 않게 상처를 주기도 하고, 되돌릴 수 없는 관계로 악화시키기도 한다. "내 생각과 내 말이 내 삶을 결정한다"는 어떤 글귀를 보면서 다시 한 번 말의 중요성을 떠올리게 된다.

마음과 일치하는 말의 힘

우리는 사랑한다는 이유로, 가르친다는 생각으로, 좋은 의도는 숨긴 채 말로 아이를 아프게 하는 경우도 있다.

미국의 임상학자 토니 험프리스Tony Humphreys는 『가족의 심리학』에서 사랑해서 아이의 행동을 바로 잡아주고 싶다면 행동과 아이를 분리해서 말하라고 조언했다.

한 아이가 물을 쏟았다. 엄마는 "앞으로 컵은 건드리지도 마"라고 화를 냈다가 "너는 제대로 하지도 못하면서 왜 네가 한다고 해! 조심성도 없으면서 앞으로 물 따르지 마!"라고 소리를 질렀다. 엄마가 이렇게 크게 화를 낸 이유는 그날 집안일이 많아 피곤했기 때문이었고 아이가 어제도 물을 쏟았던 기억 때문이었다.

감정조절을 잘 못했고 '또 이런 일이 반복되지 않도록 가르쳐

야겠어'라는 마음도 컸다. 아이의 잘못된 행동만 지적한 뒤 "컵을 잡고 물을 부어야지"라거나 "엄마에게 도와달라고 해"라고 했다면 '가르쳐 주는 것'이 됐을 테지만 비난만 퍼부었던 엄마의 말에는 본래의 의도가 전혀 드러나지 않은 셈이 되어버렸다.

또 '제대로 하지 못하는 아이' '조심성도 없는 아이'라는 말로 '아이 자체'를 비난한 데다 "앞으로 물 따르지 마"라고까지 했으니, 말 그대로 이해를 했다면 "물은 절대로 따르면 안 되겠어" "난 뭐든 제대로 못하는 아이야"라고 생각할 수도 있지 않을까.

만약 소심한 아이라면 엄마는 가볍게 얘기한 것도 아이는 무겁게 받아들일 수 있으므로 더 신중하게 말을 할 필요가 있다. 그러니 실수를 했더라도 더더욱 아이의 긍정적인 의도는 알아주는 것이 좋다.

"어제 해보고 잘 안돼서 오늘 또 해보려고 했구나." 만약 엄마의 의도가 '우리 아들이 실수를 줄였으면 하는 것'이었다면 그 마음을 아이가 알 수 있는 언어로 전달해보자. 말 너머의 것까지 알아차릴 수 있는 능력이 아이에게는 아직 부족하다.

사춘기가 되면 부모의 반복되는 비난을 자신의 존재에 대한 비난으로 더 크게 받아들여 자신을 책망하고 부모, 나아가 세상을 원망하게 되면서 부모와의 관계도 자꾸 삐걱거리게 된다. 비난하는 말을 습관처럼 하고 있지는 않은지 잘 살펴보자.

- 너 때문에 못 살겠어.
- 앞으로는 아무것도 하지마.
- 너 그러다 뭐가 되려고 그러니.

'잘했으면, 실수하지 말았으면, 더 잘 가르치고 싶다'는 마음이 비난하는 말 속에 몸을 숨기고 날카로운 가시가 되어 아이를 아프게 한다. 게다가 우리의 뇌는 주어를 인식하지 못한다고 한다. 습관처럼 아이에게 비난을 쏟아내게 되면 그 말이 무의식 중에 자리를 잡아 결국 스스로를 부정적인 생각에 사로잡히게 만든다. 나에게 하는 말로 여기게 되는 것이다. 반드시 기억하자. 비난은 부메랑이 되어 다시 내게로 돌아와 자신도 상처 입게 된다는 것을.

대화가 잘 통하는 집은 분명 따로 있다

우리의 감정 안에는 우리가 원하는 '욕구'가 담겨져 있다. 제대로 된 메시지를 전하려면 엄마의 말 속에 말의 의도가 분명하게 드러나야 한다. "너 지금 안 오면 혼날 줄 알아" "엄마가 몇 번을 얘기하니!"라는 말로는 아이가 엄마가 많이 기다려서 답답했고 걱정돼서 초조했던 마음을 가졌었다는 것을 알 리 없다.

우리는 머릿속에서 근거 없이 떠오르는 생각을 바로 말로 뱉어내는 경우가 많다. 하지만 어제의 일이 떠올라 화가 났을 수도 있고, 아이가 또 그럴 것이라는 불안에 자동적으로 떠올랐을 수도 있다. 그뿐만이 아니다. 아이의 상황을 있는 그대로 '관찰'하지 못해서 선입견이나 편견이 떠오를 때도 있다.

예를 들어 평소 아이가 말썽을 많이 핀다고 생각했던 엄마의 마음에 이미 그런 생각이 있었다면 친구와 다툼이 있었을 때 '우리 아이가 먼저 시비를 걸었을 것'이라는 생각에 자신도 모르게 아들 탓을 하게 될 수도 있다.

아이에게 잘못과 책임을 전가할 때 자주 하는 말이 "너 때문에"라는 말이다. 아이가 이런 말을 너무 자주 듣다 보면 위축될 뿐더러 피해의식까지 생기게 될 수도 있다.

미국의 시인 헨리 롱펠로Henry Longfellow는 "내뱉는 말은 상대방의 가슴속에 수십 년 동안 화살처럼 꽂혀 있다"고 했다. 한 번 뱉은 말은 주워 담지 못하기 때문에 의미 없이 떠오른 말들이 아이에게 상처가 될 수 있다.

그러니 아이와 대화할 때는 부모가 바라는 것, 즉 '욕구'를 아이가 알 수 있도록 표현하는 것이 중요하다. 현재의 상황을 객관적으로 보면서 아이의 행동이 변화하기를 바랄 때 사용해보면 좋은 대화법이 있다. I-Message, 일명 '나 전달법'이다.

예를 들어 "너는 책만 읽으면 왜 이렇게 어지르기만 하니"라고 하고 말았다면 이렇게 바꾸어보는 것이다. 아이의 행동을 비난 없이 객관적으로 이야기하고 나서 나의 감정과 바람을 이야기하는 거다. "거실에 책이 흩어져 있어서(객관적 사실) 엄마가 치우려니 힘드네(행동의 영향, 감정). 읽은 책은 책꽂이에 꽂으면 참 좋겠어(솔직한 바람)."

결국 중요한 건 의도가 왜곡되지 않게 부모의 생각을 솔직하고 자연스럽게 표현하는 것이다. 아이가 상처 받거나 좌절하면 "많이 속상했겠다"라면서 공감해주고, 필요할 때는 대안을 제시해주는 것도 도움이 된다.

아이에게 공감의 언어라고 이야기하는 일명 "~했구나"라는 말을 배우자에게 해보는 것도 좋다. "여보, 많이 힘들었구나." 잔뜩 짜증 나 있던 마음에 힐링이 되는 한마디가 될 수 있다.

육아에 정답이 없듯이 대화도 마찬가지다. **하지만 적어도 내 마음을 솔직하게 표현할 수 있다면 아이도 자신이 바라는 것을 감정에 휘둘리지 않고 담백하게 표현할 수 있게 될 것이다. 그러면 대화가 잘 통하는 가정이 될 수 있지 않을까?**

마음을 다스리는 주문, '이 또한 지나가리라'

힘든 순간도 언젠가는 지나간다. 이미 지나간 일이다.
과거에 얽매이지 않아야 오늘의 행복을 놓치지 않을 수 있다.

엄마가 되기 전에는 상상하지 못했을 정도의 고통에 망연자실 할 때가 있다. 바로 아이가 힘들고 고통스러워하는 모습을 지켜봐야 할 때다. 하지만 언제 지나가나 싶었던 육아에도 반드시 끝은 있다. 지금 마주한 순간이 힘겨워도 시간이 흐른 뒤에는 사진 속 추억이 되어 '이랬던 적이 있었지'라면서 의연해질 수 있다.

아이가 힘들어할 때 아파하지 않는 엄마가 어디 있을까. 그러나 엄마가 먼저 그 감정에서 빠져나와야 한다. 걱정과 불안이 현재의 상황을 바꾸는 데 도움이 되지 않기 때문이다. 앞서 말했듯이 육아는 언제가 끝나게 되어 있다. 지금 마주한 순간이 힘겨워도 시간이 모든 것을 해결해줄 테니 의연하게 대처하도록 하자.

고통스러운 순간도 언젠가는 지나간다

나도 둘째를 출산한 후 하루 만에 아이가 신생아 중환자실에 입원을 하게 되어 젖도 제대로 못 물려보고 떨어져야 했던 적이 있다. 임신 말기에 과로했던 탓에 갑자기 열이 높아져 몸을 움직이기도 힘들 정도였지만 '일은 꼭 마무리 해야 해'라는 생각에 이를 악물고 늦은 밤까지 마무리를 했다.

그런데 다음 날 산부인과에 갔더니 의사가 걱정스러운 목소리로 말했다. "왜 이제 오셨어요. 아이가 위험할 수도 있으니 얼른 큰 병원으로 가세요." '아이한테 무슨 일이라도 생기면 어떻게 하지?'라는 후회와 두려움을 안고 종합병원으로 달려갔다.

결국 유도분만으로 아이와 예정보다 일찍 만나야만 했다. 그런데 우려했던 일이 벌어졌다. 곧바로 장협착이 의심되어 수술을 해야 할지도 모른다는 말을 들은 것이다. 신생아 중환자실에서 2주 정도를 아무것도 못 먹고 검사를 해야 했다. 면회 시간도 제한적이라 잠깐 아이의 얼굴을 볼 때면 황달도 오고 수척해진 모습에 지난날의 후회가 밀려와 더 눈물이 났다.

그러길 한 달, 드디어 퇴원일이 되었다. 그런데 이게 웬일! 아이가 갑자기 경련을 시작해 다시 입원을 해야 했고 뇌수막염 진단을 받았다. '혹시 더 큰 문제라도 있는 건 아닌가'라는 불안한 생각이 꼬리에 꼬리를 물었다. 그렇게 2달 동안 떨어져 있다 만난 아이는 통통했던 모습은 온데간데없이 앙상해져 있었고 수십 개의 주삿바늘 자국이 애처롭게 남아 있었다.

퇴원 소식을 들은 반가움도 잠시 의사의 말에 불안은 가시지 않았다. "아이가 경련을 했었기 때문에 뇌에 이상이 생기지 않도록 1년 동안 약을 먹이셔야 하고요, 예방접종도 그 뒤로 다 미루셔야 합니다."

집으로 온 아이에게 약을 먹이고 나면 눈의 초점이 없어졌다. 늘 희미한 눈빛으로 나를 바라봤다. 하지만 "잘 견뎌줘서 고마워"라고 말을 건네며 퇴원을 할 수 있었던 것 자체로도 감사했다.

고통이라는 것이 크든 작든 상대적인 것이기 때문에 당시에 초보엄마였던 나에게는 큰 시련으로 느껴졌다. 하지만 아이에게 '네가 만난 세상이 주삿바늘의 고통이 있었던 병원이 아니라 따뜻한 이 집이'라는 것을 알게 해주고 싶었다. 그러려면 나의 불안감을 떨쳐야 했고 마음을 안정시켜야 했다. 그때 되뇌었던 말이 바로 '이 또한 지나가리라'였다.

'미러링 효과'라는 말이 있다. 거울 속에 비친 자기 모습처럼 상대방의 행동을 그대로 모방하는 것을 말한다. 아이는 부모라는 거울에 비친 자신의 모습을 보면서 정체성을 형성해나간다. 따뜻하고 부드러운 표정으로 바라봐주는 부모로 인해 자신을 긍정적으로 생각하게 되고, 부모에 대한 신뢰감을 키우면서 세상도 믿을 만한 곳이라는 것을 느낄 수 있게 된다.

딸이 바라보는 그 아름다운 세상이 되어주기 위해 온가족이 노력했다. 나도, 남편도, 아이의 오빠도 늘 곁에서 많이 웃었고, 대화하듯 즐거운 이야기를 도란도란 나누며 따뜻한 목소리를 자주 들려주었다.

이제 초등학생인 아이는 그때의 걱정이 무색할 정도로 감기가 하루 이상 가지 않을 만큼 튼튼하다. 그런 딸을 보면서 남편과 이야기한다. "얘는 아팠을 때 사랑을 많이 먹어서 면역력이 너무 좋아졌나봐."

우리를 향해 끝없이 말을 걸고 있는 행복을 바라보자

유치원에 다닐 때까지 사람들이 아이를 늘 한두 살씩 적게 보면서 "애가 참 작네요"라고 할 때마다 속상했었다. 그때마다 내 몸을 제대로 돌보지 못해 아이를 아프게 했고, 그런 바람에 '젖도 못 먹여서 키가 크지 않은 건 아닌가' 하는 자책을 할 때도 있었다. 하지만 의식적으로 이런 생각을 하며 마음의 여유를 가지려 노력했다. "세상에는 우리가 할 수 있는 일과 없는 일이 있어."

그저 하루하루 잘 먹고 잘 놀고 건강하게 자랄 수 있도록 돌보는 일 외에 걱정한다고 해서 더 크는 것도 아니지 않은가! 내가 할 수 있는 것은 아이의 있는 그대로의 모습을 사랑하고 따뜻한 눈길로 바라보는 것이었다.

법륜 스님은 책 『행복』에서 우리의 괴로움은 주로 과거에 대한 기억에서 비롯된다고 하면서, 그로 인해 자신을 어둠의 동굴에 가두지말라고 조언한다. "우리의 감정은 무의식적으로 반응을 일으키기 때문에 지나난 일들을 상처로 간직하면 현재를 사는 게 고통스러워져요. 과거는 내 생각 속에 있을 뿐이지, 지금 이 순간 실제로 존재하지 않습니다."

부모의 사랑을 온몸 가득 느끼게 해주는 것이 아이에게는 무엇보다 큰 선물이다. 그래서 "너는 왜 이렇게 앙증맞고 귀엽니, 네가 태어난 것 자체가 가장 큰 선물이야"라는 말을 자주 해줬다. **존재 자체로도 자신이 소중하다는 것을 느끼는 아이는 마음의 통장에 자존감 적금을 차곡차곡 쌓아가게 된다. 힘든 일이 있을 때마다 꺼내 써도 될 정도로 충분히 채워지면 역경이 다가와도 크게 흔들리지 않는다.**

"너는 왜 이렇게 키가 작니"라는 말로 걱정하고 불안해했다면 아이도 은연중에 '키가 작아서 어떻게 하지?' '키가 작은 건 나쁜 것이구나'라는 생각을 했을 것이고 그 때문에 자신감을 잃었을 수도 있었을 것이다. 나중에 아무리 키가 훌쩍 자라도 예전의 열등감은 어떤 모습으로든 마음속에 남아 있었을지 모를 일이다.

윤홍균 정신과 전문의는 책 『자존감 수업』에서 상처를 극복하기 위한 방법으로 "상처는 괴롭지만 모두 과거형이라는 사실을 잊어서는 안 된다"고 말한다. 우리의 뇌가 지나간 일과 현재를 혼동하기 때문에 상처는 지나간 일이라고 끊임없이 알려줘야 한다는 것이다. 뇌 속 깊은 곳, 감정과 기억의 중추가 느낄 수 있도록 '다 지나간 일이야' '지금은 괜찮아' '나는 지금 안전해'라고 소리를 내어 알려주라고 한다.

우리가 바꿀 수 없는 일이라면, 그저 기다리는 수밖에 없다면 이렇게 되뇌어보자. "힘든 순간도 언젠가는 지나간다." 또 과거에 머물러 그 상처로 인해 고통스럽더라도 이렇게 말해보자. "이미 지나간 일이야. 과거에 얽매이지 않아야 오늘의 행복을 놓치지 않을 수 있어."

무엇보다 엄마의 자존감 회복 훈련이 필요하다

자존감이 낮으면 자신을 사랑하지 못해 그 사랑을 아이에게서 채우려 하기 쉽다. 아이가 공부를 잘하면 어깨에 힘이 들어가고 그렇지 않으면 기가 죽는다.

"아이의 자존감을 키워주려고 노력을 많이 하는데, 정작 제 자존감은 바닥인 것 같아요." "뭘 해도 잘해야 본전이고요. 조금만 못 해도 핀잔이나 듣다 보니 성취감을 느낄 일도 별로 없고 자신감만 떨어져요."

아이의 자존감을 높여주면 긍정적인 아이로 자라고 문제 해결력도 역경 극복 능력도 높다는데 정작 엄마들은 자존감이 낮아 고민이라는 이야기를 자주 한다. 자존감은 말 그대로 '자신을 존중하고 사랑하는 마음'이다. 엄마가 되면서 자존감이 낮아지게 되는 이유는 무엇일까?

끝없는 집안일은 아무리 열심히 해도 티도 잘 나지 않을뿐더러 육아를 '일'로 바라보지 않는 시선 역시 엄마가 얼마나 중요한 일을 하고 있는지 깨닫지 못하게 한다. 그도 그럴 것이 우리나라 통계청의 조사에 따르면 음식 준비나 청소, 아이 돌보기 등의 가사노동 가치가 2014년 기준으로 월급 59만 원에 불과할 정도였다고 한다.

매일 숨 돌릴 틈도 없이 바쁘면서도 '오늘 한 게 아무것도 없네'라는 생각이 드는 것은 어쩌면 당연하다. 아이는 자라지만 '나는 발전도 없이 계속 같은 자리에 멈춰 있는 것 같아'라는 생각에 자꾸만 작아지는 것 같다.

결혼 전에는 소위 '잘나갔던 시절'도 있었다. 그런데 불어나는 몸과 늘어나는 흰머리, 늘어진 옷이 편해지는 내 모습을 보면서 자신도 모르게 내가 마음에 안 든다고 여기게 되는 것이다.

다른 사람의 인생이 내 삶의 기준이 될 때

자존감이 낮다 보면 나를 사랑하지 못해 그 사랑을 아이에게서 채우려 할 때가 많다. 아이가 공부를 잘하면 엄마의 어깨에 힘이 잔뜩 들어가고, 아이가 보잘것없다고 느끼면 기가 잔뜩 죽기도 한다. 그래서 더더욱 아이의 성공에 매달리게 된다.

우리는 어떤 부모인가? 자존감이 낮은 부모의 특징은 대략 다음의 8가지로 정리할 수 있다.

- 자기 자랑이나 아이 자랑을 지나치게 많이 한다.
- 자신의 노력과 성과를 과소평가하고 운으로 치부한다.
- 주변 사람의 비판적 평가에 예민하다.
- 타인과 자신을 자주 비교한다.
- 자신의 책임을 남 탓으로 여길 때가 많다.
- 자신이 원하는 것을 외면할 때가 많다.
- 자신의 역량을 제대로 인식하지 못한다.
- 다른 사람을 부정적으로 바라볼 때가 많다.

자존감이란 무엇인가? 자존감은 다른 사람이 아니라 내가 나를 바라보는 따뜻한 시각이자 존중하고 사랑하는 마음이다.

심리학자 너새니얼 브랜든Nathniel Branden은 책 『나를 존중하는 삶』에서 자존감을 이렇게 정의한다. "자기존중감은 개인이 능력 있고 중요하며 성공적이고 가치 있다고 자신을 믿는 정도를 가리키며, 이를 어느 정도 인정하고 인정하지 않느냐는 태도를 가리킨다. 다시 말하면 자기존중감은 한 개인이 스스로를 얼마나 가치 있는 존재로 생각하고 있느냐 하는 사적인 판단이다."

심리학자 앨버트 앨리스Albert Ellis는 자존감에 대해 "객관적이고 중립적인 기준에 근거한 판단이 아닌 사적인 판단"이라는 점을 강조한다. 나를 존중하고 사랑하는 기준이 나 자신에게 있기 때문에 다른 사람과 비교하지 않을 수 있다. 그뿐만 아니라 실수나 실패를 해도 자신의 능력을 믿을 수 있게 된다는 것이다.

엄마 자신의 자존감이 낮은 채로 아이의 자존감을 키워주려 애쓰는 경우가 많다. 하지만 엄마의 자존감은 아이에게 영향을 미칠 수밖에 없다. 자존감이 높으면 자신을 관대하게 바라보니 아이의 실수도 너그럽게 대하고, 과거의 실패보다 앞으로의 도전을 더 격려할 수 있는 여유가 생길 수 있기 때문이다.

하지만 자신을 바라보는 부정적인 시선이 아이에게로 옮겨질 때 아이는 어른이 되어서도 '난 그 어떤 것도 잘 해낼 수 없을 거야'라는 시각으로 자신을 바라보게 될 수도 있다. 심할 경우에는 '가면증후군'에 시달릴 수도 있다고 한다.

'가면증후군'은 유능하고 사회적으로 인정받는 사람이 자신의 능력에 대해 의심하며 언젠가 무능함이 밝혀지지 않을까 걱정하는 심리 상태를 말한다. 한 예로 6개 국어를 구사할 만큼 언어능력이 탁월했던 할리우드 배우 나탈리 포트먼Natalie Portman을 들 수 있다. 그는 어느 대학 졸업식 축사에서 "하버드에 입학할 때 무언가 잘못된 것이 아닌가 싶었고, 멍청한 여배우라는 사실을 들키지 않기 위해 어려운 수업만 들었다"라고 고백했을 정도였다.

엄마로 사는 나를 존중하고 사랑하는 법

엄마의 자존감을 회복하려면 어떻게 해야 할까? 여기서는 3가지 방법을 소개한다.

첫째, 있는 그대로의 나를 사랑하자. 나를 사랑하게 되면 내가 하는 행동들, 주변 사람들, 소소한 일상들을 소중하게 바라볼 수 있다. 기쁨과 행복은 내가 어떻게 생각하느냐에 따라 달려 있다는 것을 믿게 될 수 있게 되는 것이다.

둘째, 엄마로 사는 나를 존중하자. '내가 잘하고 있는 건가?'라는 의문이 들면서 불안해질 때가 있더라도 자신을 존중하게 되면, 실수를 하는 자신의 모습도 넓은 마음으로 받아들일 수 있게 된다. 존중한다는 건 '나를 아끼는 것이며 나의 입장에서 이해해주는 것'이기 때문이다.

셋째, 엄마로서의 유능함을 믿고 자신의 가치를 인정하자. 자존감은 남이 아니라 내가 기준이 되는 삶을 사는 것이며 나를 긍정적으로 바라보는 '주관적인 생각'이다. 끝도 없는 집안일과 전쟁을 치르면서 아이까지 내 마음대로 커주지 않는다는 생각에 무력감이 심해질 때도 많다. 하지만 엄마가 자신의 가치를 인정하는 만큼 아이가 자신의 인생의 주인이 되어 살아갈 수 있도록 아이를 통제의 대상이 아니라 한 인격체로 인정하고 바라볼 수 있다.

또한 이미 얼마나 많은 일을 소화하고 있고 중요한 일을 하고 있는지 깨닫게 되면 '의미 없는 시간은 결코 없었어!'라고 느낄 수 있을 것이다. 하루 일과만 봐도 그렇다. 아이 밥 먹이고 청소하고 빨래하고 아이가 잠들 때까지 한 일만 나열해봐도 셀 수 없이 많다. 누가 이렇게 많은 일을 해낼 수 있겠는가? 육아와 집안일을 세분화해서 생각하지 않고 각각 하나의 큰 덩어리로 뭉뚱그려보게 되면 성취감도 잘 느끼지 못한다.

그러니 현실적인 목표를 세워서 성취의 기쁨도 자주 느껴보고, 내 손길과 눈길이 스친 곳들도 다 의미가 있다는 것을 알아야 한다. 음식을 만들 때도 끊임없이 고민했고, 아이가 미소 지을 때도 함께 웃으며 마음의 햇살이 되어주었다. 첫 걸음마를 할 때 아이가 발을 내딛기까지 눈 맞춤을 해주며 따뜻하게 손을 잡아준 엄마가 있었다.

우리는 이미 많은 것을 해내고 있고 잘하고 있다. 지금 이대로의 나를 사랑해도 충분할 정도로.

내가 선택하지 않은 것에 대한 미련을 버리자.
누구에게나 부족한 점이 있다.
우리는 누구나 실수를 통해 배우고 성장한다.

좋은 엄마가 되어야만 인정받을 수 있다고 생각하는가? 지금의 내 모습이 부족해 보이고 실수투성이라도 오늘의 나를 사랑하기를 멈추지 말자. "이 정도면 잘 하는 거지!" 자기위로와 공감을 아끼지 말자. 지금 내 모습 그대로를 인정하고 안아줄 때 진정으로 자신을 사랑할 수 있게 된다. 눈앞에서 끝없이 말을 걸고 있는 작은 행복을 바라보자. 엄마의 꿈도 소중하다는 것을 잊지 말자. 감사의 눈으로 새롭게 열리는 세상의 아름다움을 만끽해보자. 엄마가 행복해야 아이도 행복하다.

6장

충분히 좋은 엄마의 행복습관 7가지

행복습관 1

시작은 언제나 옳다!

나를 만드는 습관 찾기

"무언가를 시작할 만큼 충분히 용기가 있다면 당신은 할 수 있고, 해야 하고, 꼭 하게 될 것이다." 첫발을 내딛을 용기가 있다면 꿈을 향한 여정은 시작된 것이다.

지나치게 거창한 꿈을 설계할수록 목표에 도달하기도 전에 포기하기 쉽다. 하지만 아무리 크게 보이는 일도 자세히 들여다보면 작은 일들의 연속이다. 인생도 하루하루가 모여 만들어진다.

변화를 이루고 싶다면 매일 실천할 수 있는 작은 습관을 들여 보자. 어쩌면 내가 바라는 삶에 한 걸음 더 다가설 수 있는 방법일지도 모른다. 그렇다면 좋은 습관은 어떻게 만들 수 있을까?

숨을 쉬듯 자연스럽게, 걸음을 걷듯이 천천히, 조금씩 시작해 보자. "우리가 습관을 만들면 그 습관이 우리를 만든다"라는 어느 비평가의 말처럼 말이다. 하루하루 하나둘씩 만들어가는 습관이 우리를 어떤 모습으로 이끌어줄지 기대되지 않는가!

첫걸음부터 떼어야 멀리 갈 수 있다

〈뉴욕타임스〉의 심층보도 기자인 찰스 두히그Charles Duhigg는 매일 오후에 초콜릿칩 쿠키를 사 먹는 습관이 있었다. 건강에 나쁜 줄 알면서도 고치지 못하는 이유를 연구해 그의 책 『습관의 힘』에서 소개했다. 그에 따르면 습관은 '신호-반복행동-보상'의 3가지 구성요소로 형성된다. 특정 행동을 유발하는 장소, 시간, 감정 상태, 주변 사람 같은 신호가 우리 뇌에게 어떤 습관을 사용하라고 자동으로 명령하는 방아쇠 역할을 한다고 한다.

신호가 주어지면 '반복행동'이 나타나며 그 행동의 결과로 '보상'을 받게 된다. 이때 이 보상은 이 습관을 계속 유지할지 판단하는 기준이 된다. 그는 매일 같은 시각 쿠키를 사러가고 싶었던 이유가 허기져서가 아니라는 생각에 '동료들과 잡담을 나누는 일로 보상'을 해주었고 여기에 만족을 느끼며 그 습관을 고칠 수 있었다고 한다.

그렇다면 당신이 바꾸고 싶은 나쁜 습관은 무엇인가? 예를 들어 스마트폰을 너무 많이 본다거나 커피를 너무 많이 마신다면 자신이 좋아하는 다른 일로 만족을 얻는 일을 반복하면서 습관화해보자.

스마트폰을 덜 보려면 휴대폰을 의식적으로 보이지 않는 곳에 두고 좋아하는 잡지를 읽는 것이다. 커피를 끊고 싶다면 커피를 계속 마시는 이유가 그저 마실 것이 필요해서인지 배가 고파서인지 생각해보고 다른 보상을 주도록 해보자. 커피 대신 향기로운 차를 마시거나 마음의 휴식이 필요해서라면 좋아하는 음악을 듣는 건 어떨까? 나는 6년 전 TV를 없애면서 책과 더 가까워지게 되었다.

"천 리 길도 한걸음부터"라는 말처럼 습관을 만들겠다는 목표를 향해 일단 첫 발걸음을 떼려면 어떻게 해야 할까? 행동과학자인 션 영Sean Young은 '몸에 습관 패턴을 새기는 7가지 방법'을 제시한다.

내가 가장 주목한 것은 역시 첫 번째 방법으로 '아주 작은 첫 단계'를 찾는 일에 온 에너지를 쏟으며 '반복'하라는 말이었다. 그는 계획을 끝까지 실천할 방법으로 사다리 모형을 제시했다. 꿈을 성취하는 공식이 아니라 경로에서 벗어나지 않도록 돕는 공식이라고 설명한다.

목표는 단기적인 목표와 장기적인 목표로 나뉜다. 장기적인 목표를 달성하는 데 1~3개월이 걸리지만 단기적인 목표는 일반적으로 일주일에서 1개월이 걸린다고 하면서, 단기와 장기 목표를 세웠다면 첫 단계로 일주일 이내에 해낼 수 있는 아주 작은 단계를 정하라고 말한다.

또 성취하기까지 3개월 이상 걸릴 것 같은 목표는 '꿈'이라고

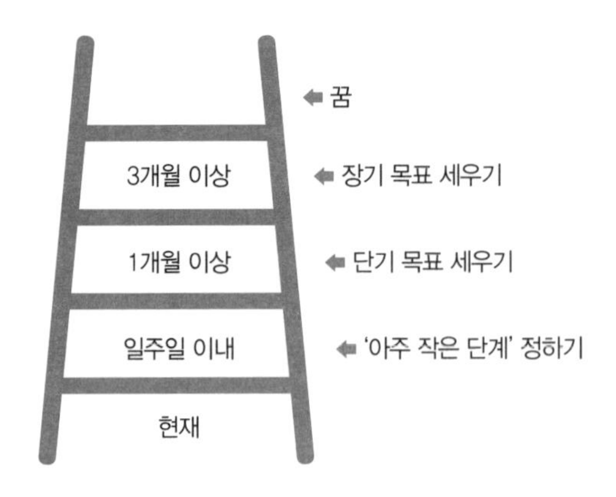

자료: 션 영의 『무조건 달라진다』 중
'꿈의 경로에서 벗어나지 않도록 하는 사다리 모형'

말하며 일주일 이내에, 빠르게는 2일이 채 걸리지 않는 것을 정하는 게 효과적이라고 말한다.

그렇다면 꿈을 향한 작은 목표를 세우고 실천할 수 있는 방법은 무엇일까? 예를 들어 '글쓰기를 가르치면서 즐겁고 보람 있게 살고 싶다'는 꿈을 떠올렸다면 무엇으로 시작할 것인지 생각한 뒤에 쉽고 작은 성취를 이룰 수 있는 일로 첫걸음을 떼보자. 일주일, 더 빠르게는 이틀 안에 시작해보자. 하루에 하나씩 짧은 글이나 비교적 쉽게 쓸 수 있는 일기를 꾸준히 쓰면서 반복하는 것도 좋다.

습관은 쉽게 시작할 수 있는 일에서 만들어진다

션 영 교수는 습관 새기기 방법으로 '자석행동'도 제시했다. 유사한 행동을 한데 묶어서 한 가지 일을 쉽게 실행할 수 있으면 다른 어려운 한 가지 일까지 덩달아 실행할 가능성이 높아진다고 말한다.

나는 아침에 커피를 마시면서 일을 하는 습관이 있다. 눈을 뜨자마자 컴퓨터 앞에 앉는 것이 쉽지 않기 때문에 그보다 비교적 쉽게 할 수 있는 '커피 내리기'를 먼저 하는 것이다. 그러면 '자석행동' 효과로 인해 커피를 마시면서 자연스럽게 '일 모드'로 이어지게 된다.

혼자서 결심이 무너지기 쉽다면 그가 제시한 '커뮤니티에 의지하기'에도 주목해보자. '나를 끌어당기는 사회적 자석'을 만드는 것을 말한다. 혼자 하기보다 여럿이 함께 운동을 하면 운동에 대한 관심사를 공유할 수 있을 뿐만 아니라 서로에게 기대감을 가지면서 더 오래 지속할 수 있게 된다는 것이다.

엄마들도 인터넷 카페에 가입해서 오프라인 활동을 활발하게 하고 독서나 글쓰기, 영어 스터디 등을 함께하는 경우가 많다. 이렇게 '사회적 자석'을 형성해나가게 되면 서로 관심사를 공유하면서 신뢰도 쌓고 응원도 하게 된다. 그러다 보면 습관 잡기가 한결 수월해질 수 있다.

좋은 습관을 만드는 것도 나쁜 습관을 바꾸는 것도 중요하지만 그 전에 해야 할 일은 바로 '우리가 어떻게 살고 싶은가?'를 떠올려보는 일이다. 인생의 어떤 그림을 떠올리고 있고 얼마나 원하는지 끊임없이 나에게 이야기해보자.

『운명을 바꾸는 습관』이라는 책에서는 운명을 바꾸는 사소한 습관의 첫 번째 단계를 이렇게 제시한다. 인간의 뇌가 강렬한 소망을 따라 발달하기 때문에 끊임없이 자신에게 강렬하게 소망하고 강렬하게 말하라고 조언한다.

세계적인 작가 스티븐 킹Stephen King은 이렇게 말했다. "당신이 무엇인가를 시작할 만큼 충분히 용기가 있다면 당신은 할 수 있고, 해야 하고, 꼭 하게 될 것이다." **첫발을 내딛기 위한 용기가 있다면 꿈을 향한 여정은 이미 시작된 것이다.**

행복습관 2
다시 일어서는 따뜻한 힘, 자기위로를 건네기

힘들 때 무엇보다 큰 힘이 되는 것은 바로 내가 나를 믿고 사랑하는 마음이다.
내가 나에게 들려주는 위로의 메시지는 다시 일어설 수 있게 하는 힘이 된다.

둘째를 가지면서 일을 그만두게 된 한 엄마는 집에만 있으니 외딴 섬에 혼자 떨어진 것처럼 외롭다며 한탄했다. "인간관계도 좁아지고 외출도 쉽게 하지 못하니 답답하고 외롭더라고요. 힘들어도 고생한다, 수고한다, 공감해주는 사람도 없고요. 아이도 겨우 4살인데 말이 좀 통하면 모를까 벽 보고 혼자 사는 것 같아요."

하지만 우리가 느끼지 못할 때가 많을 뿐 우리는 아이로부터 상상 이상으로 많은 공감과 위로를 받고 있다. 단지 그 사실을 깨닫지 못할 뿐이다.

딸이 7살 때였다. 일을 마치고 느지막이 집에 들어온 나를 보자마자 "엄마 왔어?"라고 하면서 두 손으로 어깨를 주물러줬다. 고

사리 같은 손이지만 야무지고 시원했다. '엄마는 컴퓨터로 일을 많이 하니 어깨가 아팠을 거야'라는 생각으로 엄마에 대한 반가움을 자신만의 방법으로 표현했던 것 같다. 근육통이 정말 심했던 때였는데 그 순간, 나의 마음만은 말랑말랑하게 녹아내렸다.

엄마는 정서적으로 아이와 가장 긴밀하게 연결되어 있는 만큼 아이의 상황을 충분히 이해하고 기분을 같이 느낄 수 있다. 이를 '공감능력'이라고 한다. 공감을 한다는 것은 상대의 상황과 기분을 이해하는 것이기도 하고 서로의 감정을 교류하는 것을 말하기도 한다.

말뿐만 아니라 표정이나 눈빛, 울음 같은 비언어적 표현으로 감정이 전해지기도 한다. 아이가 활짝 웃는 모습과 즐거워하는 표정을 보면서 엄마도 행복감을 느끼게 된다. 우리는 이미 아이들에게 공감하는 만큼 또 공감받고 있는 것이다.

아직 표현이 서툰 아이들은 애교나 미소로 상상 이상의 큰 사랑을 온몸으로 전하고 있는지 모른다. 콜록콜록 기침을 하면 "엄마 담요 덮을래?" 하면서 담요를 건네주는 아들과 "엄마 감기 빨리 나아"라고 하면서 코를 찡긋하는 웃음을 보여주고 엉덩이춤을 추는 딸의 모습에 가슴이 따뜻해지고 많이 웃게 된다.

순간순간 아이와 공감하며 느끼는 행복을 바라볼 줄 알아야 마음 둘 곳 없이 외로웠던 순간들을 조금씩 그 행복으로 채울 수 있다. 그 보석 같은 순간들을 놓치지 말자.

있는 그대로의 모습을 사랑하고 다독이는 '자기공감'의 힘

엄마로 살다 보면 힘들고 외로운 시간도 애써 외면하며 자신과의 싸움을 하게 될 때가 종종 있다. 아이에게는 "실수할 수 있어" "잘 못할 수도 있어, 괜찮아"라며 위로하고 다독이지만, 정작 엄마 자신에게는 '자꾸 왜 이러지?' '왜 이것 밖에 못하지?'라며 너무 높은 잣대를 들이밀고 몰아붙일 때가 많다.

자꾸 부족한 모습만 느껴져 삶이 힘겨워진다면 엄마인 지금 그대로의 모습을 사랑하고 다독여주는 것이 필요하다. 바로 자기공감을 해주는 것이다. 자기공감을 잘하는 사람은 이런 특징이 있다고 한다.

- 현재 하고 있는 일을 배우고 잘 처리한다.
- 현재 하고 있는 일에 만족감을 더 느낀다.
- 잘 되지 않고 실패하더라도 자신을 따뜻한 마음으로 바라보게 된다.
- 자신을 잘 격려한다.
- 지난 일을 후회하기보다 앞으로 더 잘하기 위한 계획을 짜고 해결 방안을 마련하려 노력한다.
- 자신의 능력을 신뢰하고 실천력이 높다.

자기공감을 잘하는 사람은 우울증과 공포가 눈에 띄게 줄고 스트레스 반응도 줄었다는 연구도 있다. 그러니 나 자신을 향해 이렇게 말을 건네보면 어떨까? '세상에 실수 안 하는 사람이 어디 있어? 이 정도면 큰 문제는 아니야.' '실수해도 덤벙대도 초보엄마니까 그럴 수 있지.' 우리는 자신에게 얼마나 공감하고 있는가?

자존감으로 버티기 힘들 때 필요한 '자기자비'의 힘

최근의 심리학 연구들은 높은 자존감만으로도 버티기 힘들 때 '이것'이 무엇보다 중요하다고 강조하고 있다. 무엇일까? 바로 '자기자비self compassion'다.

자기자비는 자신에게 지나치게 가혹한 평가 기준을 들이대지 않는 것, 쉽게 말해 '자기 자신'에게 좀더 친절해지는 것을 말한다. 누군가 나를 다독여주지 않더라도 나 스스로를 위로할 수 있는 힘을 의미하기도 한다.

그런데 자기자비는 그냥 위로로만 끝나는 것이 아니다. 더 나은 인간관계를 만들고, 더 긍정적인 태도와 낙천성을 길러주며, 심지어 자기결정 능력이 향상되도록 돕는다. 무엇보다 행복감이 높아질 수 있다고 한다. 이런 자기위로는 어려운 난관이나 감당하기 힘든 부정적인 감정이 밀려들 때 적극적으로 자신이 가진 것들을 사용해 불안이나 우울감을 줄일 수 있는 능력을 말하기도 하는데, 남이 위로해주는 것을 잘 받아들이는 것도 포함된다.

아이가 속상해할 때 포근히 안아주었던 것처럼 엄마도 아이에게 안아달라고 이야기해보자. "엄마, 오늘 마음이 힘들었어. 안아줘." 작은 품이 우주처럼 넓게 느껴질 때가 있다. 이처럼 신체접촉도 자기위로에 도움이 된다고 한다.

눈물이 나면 울어도 보자. 울고 싶을 땐 '괜찮으니까 울지 마'가 아니라 '울어도 괜찮아'라며 나를 위로해주자. '너무 외로워서 슬픈 것 같네.' '너무 힘들더니 좌절감까지 드네.'

이렇게 슬프다고 느끼고 있는 나의 감정을 마주하고 인정해주자. 마음의 상처는 회피하기보다 마주하고 들여다보고 다독여줄 때 치유된다.

또 실컷 울면 마음이 후련해지기도 한다. 스트레스를 받으면 증가되는 눈물 속에 포함된 '카테콜아민Catecholamine'이라는 호르몬이 눈물을 흘릴 때마다 배출되어 스트레스를 감소시켜주기 때문이다.

곧 쓰러질 것처럼 자신이 위태롭게 느껴질 때 나에게 무엇보다 큰 힘을 줄 수 있는 것은 바로 내가 나를 믿고 사랑하는 마음이다. 내가 나에게 끊임없이 들려주는 위로의 메시지는 나를 다시 일어설 수 있게 하는 따뜻한 힘이 될 수 있다.

'셀프 칭찬'도 해보자. 내 장점이 무엇인지 생각하면서 딱 10가지만 적어보자. '이렇게나 많이 있었나?' 싶을 수도 있다. 그동안 우리는 자신을 오랫동안 깊이 있게 들여다볼 기회를 많이 갖지 못했다. 그러니 이 시간만으로도 의미가 있다. 아이만 위로해주고 칭찬해주었던 나에게도 말을 건네보자. "나, 꽤 괜찮은 사람이었네."

● **있는 그대로의 모습을 사랑하는 셀프 칭찬**

나는 (요리는 잘 못하지만) 많이 놀아주려고 노력하는 엄마입니다.

나는 (저녁만 되면 힘들어서 화를 내지만) 감정조절을 하려 노력하는 엄마입니다.

나는 (잔소리를 자주 하지만) 그래도 대화가 통하는 엄마입니다

지금 나는 (많이 부족해 보이지만 노력하는) 엄마입니다.

행복습관 3

믿는 대로 이루어진다! 생각습관 바꾸기

소소하더라도 일상에서 좋았던 일을 자주 떠올려보자.
그 생각의 길을 따라 우리가 바라보는 세상도 밝아질 것이다.

아들이 초등학교 4학년 무렵의 일이다.

아들: "엄마, 우리는 긍정적인 생각을 해야 좋은 거지."

엄마: "그럼."

아들: "긍정적인 생각은 좋은 생각을 하는 거지? 왜냐하면 이미 지나간 건 후회해도 소용없잖아, 엄마도 동의해?"

엄마: "그렇지. 지금 상황을 바꿀 수 없다면 상황을 좋게 생각해서 앞으로 어떻게 할 건지 생각해보는 게 더 낫지."

아들: "역시, 엄마야, 이거 봐봐. 짜잔~"

30점짜리 영어 단어 시험지를 보며 잠깐 말문이 막혔지만 능청스러운 아들의 모습이 귀여워 이내 웃음이 터졌다. 맞는 말이었다. 그런데 이런 귀여운 능청에는 이유가 있다. "수학자가 될 거야"라며 큰소리 쳤던 아들이 학원에 다닌 지 얼마 안 되었을 때 수학 점수를 형편없이 맞아온 적이 있었는데 "나 정도 장난꾸러기가 이 정도면 잘하는 거지"라면서 자신감을 보였다.

그때도 "맞아 맞아"라며 긍정적으로 반응해주었던 덕이었는지, 아이는 수학에 흥미를 잃지 않았고, 학교 시험에서 몇 년간 거의 100점을 맞을 정도로 실력도 향상되었다. 반면 영어에는 크게 흥미를 못 느꼈었는데 "학원 수업이 너무 재미있고 애들도 친해져서 시간 가는 줄 모르겠어"라며 공부에 재미를 붙인 후에는 집중력을 발휘하며 실력도 쑥쑥 늘었다.

부정적인 생각의 습관만 바꿔도 달라 보이는 인생

영국의 유명한 동기부여 전문가 질 해슨Gill Hasson은 긍정의 힘을 내 삶에 적용하는 방법을 제시한 책 『뭘 해도 되는 사람들』에서 이렇게 말했다. "괜한 짓을 했나 봐, 내 주제에 무슨, 이렇게 좌절하거나 후회할 시간에 잃을 것보다 얻을 것을 생각하는 것이 부정적 성향을 내려놓는 데 도움이 된다." 하지만 생각의 전환이 그렇게 쉽진 않다.

2017년 한국보건사회연구원에서 했던 조사에서 우리나라 국민 10명 중 9명이 근거 없이 멋대로 생각하는 '인지적 오류'에 해당하는 습관을 가지고 있었다고 한다. 이것은 세상의 모든 일은 옳고 그름으로 나뉜다고 생각하는 이분법적인 사고나 최악의 상황을 먼저 떠올리는 것, 하나를 보면 열을 안다고 생각하는 것처럼 부정적인 정신 습관을 가지는 것을 말한다. 조사에 따르면 실패를 경험했을 때 그 경험을 곱씹으면서 걱정을 습관처럼 하고 자신을 지나치게 부정적으로 느낄 때도 많았다고 한다.

육아 스트레스를 계속 받다 보면 부정적인 생각을 떨치기가 더욱 힘들다. 하루 종일 귀를 자극하는 아이의 울음소리와 짜증에서 의지대로 벗어날 수도 없거니와 아이가 내 마음처럼 따라주지 않을 때도 많다 보니 '내 마음대로 되는 게 하나도 없어' '뭐가 다 이렇게 힘들기만 해'라며 부정적이고 극단적인 생각에 사로잡히기 쉽다. 그렇다면 어떻게 해야 할까?

긍정적인 생각 3가지가 나에게 주는 선물

『뭘 해도 되는 사람』에서 생각은 '자기대화' 또는 '내면의 소리'로 이해될 수 있다고 하면서 긍정적인 생각을 떠올려보고 습관처럼 자신에게 말을 건네라고 말한다. "할 수 없다고 말하면 정말 해내지 못한다. 뇌는 말을 걸고 대화를 하면서 무슨 말이든 진짜 그런 것처럼 느끼게 한다." 그러면서 긍정적 사고방식을 발전시킬 수 있는 간단하고 강력한 방법을 제시한다. "매일 하루를 마무리할 무렵, 좋았던 일 3가지를 생각하세요."

이를 닦거나 잠자리에 들어갈 때 하루 중 좋았던 일 3가지를 단순히 되돌아보거나 노트에 적어보는 것도 좋다고 한다. 친구에게 격려 문자를 보냈다거나 라디오에서 좋은 노래가 나왔던 일처럼 작고 단순한 일을 떠올려보라고 한다. 긍정적인 사건이나 사람을 생각할 때마다 긍정적 사고를 습관으로 만드는 데 도움을 주는 신경회로의 홈을 더 깊게 하기 때문이라고 설명하며 이 말도 덧붙였다.

"좋은 날이든 별로인 날이든 작은 기쁨을 떠올리고 확인하고 몇 분 정도 생각하는 노력을 해보는 것으로도 긍정적인 생각을 할 수 있는 마음을 훈련하는 일이 될 수 있습니다."

소소하더라도 일상에서 '좋았던 일'을 자주 떠올려보자. 긍정적인 생각을 할 때마다 머릿속에 그 생각들이 자주 오갈 수 있는 길이 만들어진다. 그 길이 점점 넓어지게 되고 좋은 생각들이 잔잔하게 물 흐르듯이 편안하게 채워지게 되면, 그 생각의 길을 따라 우리가 바라보는 세상도 좀더 밝게 빛나지 않을까?

오늘 좋았던 일 3가지만 떠올려보자. 아이가 귀여운 그림을 그려줬던 일, 남편의 문자메시지를 보며 기분이 좋아졌던 일, 긍정적인 생각 습관을 만드는 방법을 가슴에 새길 수 있었고, 벌써 좋은 일이 생길 것 같은 기대감이 든다는 생각까지.

● **엄마의 행복 연습**

월
화
수
목
금
토
일

행복습관 4

타인의 시선에서 자유로워지기

오늘의 나를 사랑하자. 좋은 엄마가 되고 나서야 나를 인정하는 것이 아니라, 지금의 내 모습 그대로를 인정할 때 비로소 나 자신을 사랑할 수 있게 된다.

동네에 사는 친구가 쌀쌀해진 아침에 황급히 뛰어나오면서 딸 아이를 따라가 두꺼운 옷을 걸쳐주고 돌아오는 모습을 봤다. "애 감기 걸릴까봐 그렇게 열심히 뛰어갔구나"라고 했더니 이렇게 답했다. "감기는 감기고, 저렇게 입고 나가면 사람들이 흉봐."

우리가 평소 느끼지 못할 뿐 주변의 시선에서 자유롭지 못한 순간들이 많다. 함께 살아가는 세상, 주변의 시선을 신경 쓰지 않는 것도 문제지만 또 너무 신경을 쓰다 보면 내 생각과 행동이 사회적 시선에 얽매여 결국 나를 '속박'하는 일이 될 수도 있다.

그것이 내 삶의 습관으로 이어지게 되면 어떤 일이 생기게 될까? 삶의 무게중심이 내가 아니라 밖에 있는 세상으로 쏠려 그 틀에 자꾸 나를 맞추려다 보면 자꾸만 내가 부족하게 느껴질 수밖에 없다. 결국 나 자신을 있는 그대로 바라보지 못하는 사람은 자신을 진정으로 사랑하지 못한다.

심리전문가인 윌러드 비처Willard Beecher와 마거리트 비처Marguerite Beecher 부부는 책 『어른으로 살아갈 용기』에서 더 많이 소유하고 성취하고 싶은 욕심은 '충만의 감정'을 통해서 채울 수 있다고 말한다. 여기에서 말하는 충만감은 우리가 실제 무엇을 얼마나 가지고 있는지와 크게 관계가 없고, 무게중심을 자신의 내면에 두게 되는 것이라고 말한다. 어느 누구에게도 기대거나 의존하지 않는 사람만이 누릴 수 있다고 한다.

우리는 어떠한가? 세상의 시선에서 자유롭지 못해 내 안의 충만한 감정을 느끼지 못하고, 늘 자신이 부족한 엄마로 느껴지는가? 그렇다면 남의 목소리에 귀기울이는 것을 잠시 멈추고, 내면에서 말하는 내 목소리에도 조용히 집중해보자.

남의 틀에 맞추는 삶일수록 심장은 뛰지 않는다

세계적인 스타로 발돋움한 가수 방탄소년단의 RM(남준)이 유엔에서 연설했을 때 가슴을 울리는 말이 있었다. "자신의 목소리에 귀를 기울이면서 진정으로 자신을 사랑할 수 있게 되었다"는 말이었다. 다음은 방탄소년단의 리더인 RM이 들려주었던 이야기의 일부다.

"저는 그저 평범한 소년이었습니다. 두근거리는 가슴을 안고 밤하늘을 올려다보고 소년의 꿈을 꾸기도 했습니다. 세상을 구할 수 있는 영웅이 되는 상상을 하곤 했습니다.

저희 초기 앨범 인트로 중 '아홉, 열살쯤 내 심장은 멈췄다'는 가사가 있습니다. 돌이켜보면 그때쯤이 처음으로 다른 사람의 시선을 의식하고, 다른 사람의 시선으로 나를 보게 된 때가 아닌가 싶습니다.

그때 이후 저는 점차 밤하늘과 별들을 올려다보지도 않게 되었고 쓸데없는 상상을 하지도 않게 되었습니다. 그보다는 누군가가 만들어놓은 틀에 저를 끼워 맞추는 데 급급했습니다.

얼마 지나지 않아 내 목소리를 잃어버리고 다른 사람의 목소리를 듣기 시작했습니다. 아무도 내 이름을 불러주지 않았고 저 스스로도 그랬습니다.

심장은 멈췄고 시선은 닫혔습니다. 그렇게 저는, 우리는 이름을 잃어버렸고 유령이 되었습니다."

엄마로 살아가며 우리 역시 우리의 이름을 잃어버리지는 않았는지 생각해보자. 부모님께는 공부 잘하는 딸이어야 했고, 남편에게는 너그러운 아내여야 했고, 아이에게는 빈틈없는 엄마여야 했기에 아직도 그 틀에 맞춰 살아가려 너무 애쓰고 있지는 않은가. 우리는 얼마나 우리 자신의 목소리에 귀기울이고 있는가?

내 안의 목소리에 귀기울일 때 자신도 사랑할 수 있다

방탄소년단의 리더는 연설의 막바지에 이렇게 물었다. "여러분의 이름은 무엇입니까? 무엇이 여러분의 심장을 뛰게 만듭니까? 여러분의 이야기를 들려주세요. 여러분의 목소리를 듣고 싶습니다. 그리고 여러분의 신념을 듣고 싶습니다."

바깥세상의 소리에 귀기울여야 할 때도 있지만 내면의 목소리를 외면해왔다는 건, 어떤 의미로는 나답지 않게 살아왔다는 말이기도 하다. 그러지 않으면 인정받지 못한다고 생각했고, 그래야만 사랑받을 수 있다고 믿었기 때문일 것이다.

'나다운' 모습으로는 그런 기대에 한참 미치지 못한다고, 그래서 내가 부족하다고 믿고 있었던 것이기도 하다. 내 목소리에 귀를 기울이게 되면 남이 원하는 것이 아니라 내 심장을 뛰게 하는 것이 무엇인지 느낄 수 있다.

외롭고 힘들어도 꾸준히 자신의 길을 간 사람들의 인생을 보면 교훈이 있다. 행복을 그리는 철학자이자 작가 앤드류 매튜스Andrew Matthews는 "우리는 목적지에 닿아야 비로소 행복해지는 게 아니라 여행하는 과정에서 행복을 느낀다"고 했다. 위대한 과학자 아이작 뉴턴Isaac Newton은 "오늘 할 수 있는 일에 최선을 다하라. 그러면 내일 한 발자국 더 나아갈 수 있다"고 했다.

지금 내 모습이 부족해 보이고 실수투성이라도 오늘의 나를 사랑하자. 좋은 엄마가 되고 나서야 나를 인정하게 되는 것이 아니다. 지금의 내 모습 그대로를 인정할 때 비로소 나 자신을 사랑할 수 있게 된다.

행복습관 5

일상에 의미 부여하는 법, 소소하고 확실한 행복 찾기

우리가 의미 있게 바라보면 그 시간들은 꽃이 되고, 그 꽃길을 걸어가는
우리의 삶이 바로 행복이 된다. 작은 행복이 모여 인생이 되는 것이다.

오래 알고 지낸 창업 전문가가 한번은 '행복'에 대해 이런 말을 했다. 내가 쓴 책과 칼럼이나 방송, 회사 홈페이지에 '행복'이라는 말이 유독 많았던 걸 유심이 봤었나 보다. 그런데 행복에 대해 이야기하는 그의 표정이 그리 밝지만은 않았다.

"저는 행복하려는 마음이 사람을 불행하게 하는 것 같아요. 행복을 쫓다 보니 치열하게 살아야 할 것 같고요. 그래서 정작 현실은 힘들잖아요. 손에 잡히지 않는 것을 잡으라는 걸 행복이라는 말로 예쁘게 포장해놓은 것 같다는 생각이 들어요." 행복은 손에 잡히는 것이 아닌데 실체가 없는 것을 따라가려니 힘들다는 것이었다.

행복의 정의는 다양하지만 확실한 건 행복은 꼭 무엇이 되거나 이룬다고 얻을 수 있는 것은 아니라는 점이다. 멀리 있는 행복을 좇으려고 힘들게 달려가기만 하다 보면 내 눈앞의 행복을 바라보지 못할 때가 많다.

우리가 보지 못하고 놓치고 있는 일상의 의미 있는 순간들을 비로소 바라보자. 지금 눈앞에서 느끼고 누리는 작은 행복이 모여 인생이 되는 것이다.

우리는 이미 행복해질 준비를 마쳤다

"소소하지만 확실한 행복"이라는 의미의 '소확행'은 가까운 곳에서 찾을 수 있고 당장 실현할 수 있는 행복을 말한다. 이 말은 일본의 소설가 무라카미 하루키가 수필집 『랑겔 한스 섬의 오후』에서 처음 쓴 말이다. '산뜻한 면 냄새가 나는 흰 러닝셔츠를 머리부터 뒤집어쓸 때, 갓 구운 빵을 손으로 찢어 먹을 때, 서랍 안에 반듯하게 정리되어 있는 속옷을 볼 때 느끼는 감정들'을 말한다.

작은 행복을 자주 느끼는 것이 중요한 이유가 있다. 행복심리학자 서은국 교수는 미국 일리노이 대학교의 행복 분야 권위자인 에드 디너Ed Diener 교수의 논문을 소개하며 행복은 강렬하게 느끼는 것보다 여러 번 자주 느끼는 것이 더 중요하다고 말한다. "행복은 기쁨의 강도가 아닌 빈도다. 기쁨의 빈도란 말 그대로 일정 기간 동안 느끼는 이 경험의 횟수를 말하는 것이고, 강도란 그 경험을 얼마나 강렬하게 느꼈는가를 말하는 것이다."

실제로 미국 일리노이 주의 복권 당첨자 22명의 행복을 살펴본 브릭먼Brickman과 동료들의 연구에서 복권 당첨자들은 그런 큰 경험을 맛보지 못한 그들의 이웃에 비해 아침 먹기, TV 보기, 친구와 농담 나누기 등의 일상에서 느끼는 즐거움이 덜했다고 한다. 한 번의 강렬한 경험이었던 복권 당첨이 그 후의 작은 일상 경험들의 즐거움을 둔화시켰던 것이다.

우리는 언제 소확행을 느끼고 있는가? 질문에 대한 답을 떠올리며 미소 짓고 있다면 지금 이 순간에도 '행복'을 느끼고 있는 것이다.

이미 우리는 행복한 시간 속에 놓여 있다

행복해지기 위한 습관을 기르려면 어디에 주목해야 할까? 행복 심리학의 창시자인 일리노이 대학교의 에드 디너 교수는 한 인터뷰에서 행복해지는 몇 가지 지침을 소개했다.

"첫째, 좋은 친구나 가족 등 소중한 사람들과 시간을 많이 보내야 합니다. 이는 친밀하고 애정 어린 관계를 유지하기 위해 중요합니다. 둘째, 좋아하고 가치 있다고 생각하는 일을 해야 합니다. 자신이 관심 있는 분야에서 실력을 가장 잘 발휘할 수 있는 가능성이 높기 때문입니다. 살다 보면 크고 작은 어려움을 경험하게 되겠지만, 너무 심각하게 생각하지 말고 목표 자체보다 이루는 과정에 초점을 맞춰야 합니다. 목표를 이루는 과정에서도 행복을 찾을 수 있습니다. 또 인생에서의 좋은 면을 보는 습관을 길러야 합니다."

인생의 행복에 대한 글을 많이 쓰고 있는 심리 카운슬러 고코로야 진노스케는 책 『더이상 참지 않아도 괜찮아』에서 우리는 이미 행복해질 조건을 갖추고 있다고 말한다.

"'저것만 있으면 행복할 거야, 저렇게만 되면 행복할 거야'라고 생각하는 사람은 원하는 것이 이루어져도 여전히 또 다른 것을 떠올리며 부족하다고 말합니다. 하지만 '지금 행복해' '이래보여도 행복해' '이게 행복인 거지'라고 생각하는 사람은 계속 행복하다고 느낍니다. 행복이란 어떤 조건이 충족되어야만 느낄 수 있는 것이 아니기 때문입니다. 누구와 비교하든 자기 자신이 무엇을 느끼든 당신은 이미 행복해질 조건을 갖추고 있습니다. 그러니 '아, 이게 행복이구나' 하고 깨닫기만 하면 됩니다."

스쳐지나가는 일상이라도 우리가 의미를 부여하는 순간, 작지만 확실한 행복이 될 수 있다. 우리가 그것이 행복이라는 것을 깨닫는 순간, 진짜 행복이 된다.

오늘 하루도 많이 행복했다. 늦은 밤 아이가 잠든 후 조용히 글을 쓸 수 있었고, 아이와 뺨을 비비며 웃었던 순간도, 보드라운 손을 마주잡으며 따스함을 느꼈을 때도, 아이와 손을 잡고 가을 낙엽을 바라봤던 순간도 행복했다. 향기로운 모닝커피를 마시며 한 잔의 여유를 즐겼을 때도 더없이 행복했다.

김춘수의 시에는 이런 글귀가 있다. "내가 그의 이름을 불러주기 전에는 그는 다만 하나의 몸짓에 지나지 않았다. 내가 그의 이름을 불러주었을 때, 그는 나에게로 와서 꽃이 되었다." 우리의 삶의 순간도 그렇다. 우리가 의미 있게 바라보면 그 시간들은 꽃이 되고, 그 꽃길을 걸어가는 우리의 삶이 바로 행복이 된다.

● **어떤 순간에 행복을 느꼈나요?**

1.
2.
3.
4.
5.
6.
7.
8.
9.
10.

행복습관 6

내 안의 열정을 찾는 꿈의 목록, 버킷리스트

오늘의 행복을 바라볼 수 있는 내 마음이, 내가 마주하는 의미 있는 순간들이
인생의 나날들이 되어 언젠가는 꿈에 한 걸음 더 다가서 있기를 바란다.

겨울이다. 그런데 나는 이미 겨울을 넘어 봄을 맞았다. 어머니가 휴대폰으로 보내주신 사진 한 장. 이른 봄 꽃샘추위마저 질투한다는 매화꽃이 피어 있었다. 어머니가 그린 그림을 보며 잠시 이른 봄을 맞은 듯한 기분에 빠졌던 것이다.

어머니는 전국 미술대회에서 상을 받으셨는데, 한두 번씩 참가하시던 게 어느덧 4번의 상을 받으셨고, 전시회에도 몇 번 작품을 거셨다. 한 번은 작품집을 보니, 어머니 그림 아래에 이렇게 소개되어 있었다. "향토 여류화가." 그 말에 얼마나 가슴 뭉클했는지 모른다.

몇 년 전 "문화센터 선생님이 내 그림을 보고 웬만한 미대 대학생 실력 정도는 된대. 이 시골 문화센터에도 좋은 선생님이 계셔서 잘 배웠네"라면서 좋아하시던 모습이 눈에 선하다.

어머니는 어린 시절, 형편이 좋지 못해 그림을 좋아했지만 배워본 적은 없으셨다. 그래서 50대 중반 문화센터에서 조금씩 그림을 배우기 시작하셨던 게 어느새 취미를 넘어 화가의 실력을 갖게 된 것이다. 그마저 살림에 가게 일까지 보느라 자주 가지 못할 때면 집에서 그림에 대한 열정을 화폭 안에 고스란이 담아내고 계신다.

겨울의 추위를 이기고 얼굴을 내민 매화꽃 곁에 마주보고 있는 참새의 모습이 참으로 정겹다. 어머니의 그림 덕에 우리 거실도 작은 갤러리가 되었다.

거창하지 않아도 좋은 나만의 꿈 찾기

자신에게 자주 던지면서도 늘 막연하게만 느껴지는 것이 바로 '내 꿈은 무엇인가?'라는 질문일 것이다. 엄마들과 꿈에 대한 이야기를 나누다 보면, 대부분 이렇게 말을 한다. "결혼 전에는 되고 싶은 것도 많았고, 이루고 싶은 꿈도 참 많았는데, 엄마가 되었으니 이제 더이상 뭐가 되겠어요. 하고 싶다고 해서 선뜻 해보기도 쉽지 않고, 그냥 애들이 잘 커주기만 바라며 사는 거죠."

하지만 꿈을 꾼다는 건 언제나 아이들을 주인공으로 만들어줬던 엄마의 삶에서 벗어나 내가 주인공이 된 미래를 떠올려보는 '나를 위한 여행'이다. 내가 좋아하는 것, 가슴 뛰는 것들을 내 안의 보석함에서 하나둘씩 꺼내보면서 온전히 나에게만 집중하는 시간을 가질 수 있다.

'꿈'이라는 말을 떠올리면 휘황찬란해야 할 것 같지만 거창하지 않으면 어떤가? 꼭 무엇이 되어야 한다고 생각하지 않아도 된다. 하고 싶은 것을 떠올려 적어보는 것도 좋다. 가족을 위해 살다 보니 정작 내 가슴속 소리는 외면하게 될 때도 많다. 하지만 꿈꾸는 것들을 떠올리는 것만으로도 그 순간이 바로 힐링의 시간이 될 수 있다.

직업도 집도 버리고 무소유의 삶을 실험적으로 살아가고 있는 독일인 여성, 하이데마리 슈베르머Heidemarie Schwermer가 소개한 삶의 이정표가 있다. "하루는 '사막의 날'이라 하여 그날은 무엇이든 마음이 가는 대로 한다." 사막의 날은 마음이 가는 대로 해보고 발길이 닿는 대로 가보는, 그야말로 지친 일상에서의 깜짝 선물 같은 날을 말한다.

가고 싶은 곳, 하고 싶은 것, 만나고 싶은 사람도 좋다. 가슴이 가리키는 곳을 따라 발걸음을 내딛는 것, 상상만 해도 너무나 멋지지 않은가!

가슴을 뛰게 하는 것을 찾는 여행을 시작하자

버킷리스트는 '내 생에 꼭 하고 싶은 일들'을 말한다. 나만의 버킷리스트를 만들어보자. 오랜 투병생활 끝에 일상으로 돌아온 사람은 가족과 함께하는 하루의 여행이 될 수도 있고, 쉼 없이 일하며 달려온 사람은 시골의 넓은 정자에 누워 바람을 솔솔 쐬는 힐링의 하루일 수도 있다. 당장 할 수 있는 일, 일 년 안에 혹은 죽기 전에 할 수 있는 일도 좋다. 이루고 싶고 경험해보고 싶은 목록들을 적어보고, 그림이나 사진으로 시각화해서 바라보는 것도 좋다.

가령 가고 싶은 여행지가 있다면 그곳의 사진을, 좋아하는 장소에서 에스프레소 한 잔을 즐기고 싶다면 내 사진과 예쁜 잔에 담긴 커피 사진을 나란히 붙여두고 바라보는 거다. 언제 시작하고 언제까지 이루었으면 하는지도 적어보자. 내 안의 열정을 찾아보는 것만으로도 설렘의 시간이 될 수 있다.

이런 말이 있다. "행복을 목적으로 추구하는 사람보다 행복은 하고 싶은 일을 하는 사람에게 자연스럽게 찾아온다." 행복해지기 위해 무언가를 하기보다 무언가를 하다 보면 행복해지기도 한다. 이런저런 이유로 못했던 일들을 하나둘씩 펼치고 실천하다 보면, 그때 느낀 작은 감동과 행복감이 선명하게 보이지 않았던 길을 밝혀주면서 나를 또 다른 길로 안내해줄 수 있을 것이다.

어머니는 그림을 그리고 싶어 문화센터에 등록했다. 못 가는 날에는 집에서라도 붓을 들었고, 그 시간들이 모여 '향토 여류화가'라는 이름으로 어머니를 이끌었다.

엄마의 꿈은 자신뿐만 아니라 다른 누군가의 꿈이 되기도 한다. 내가 대학에 갈 무렵 갑작스럽게 집안 형편이 안 좋아졌었지만, 그 순간에도 물감을 아껴가면서 어머니의 붓은 멈추지 않았었다. 그런 모습을 보며 나도 인생을 배운다.

오늘 내가 쓰고 있는 이 글이, 오늘의 행복을 바라볼 수 있는 내 마음이, 내가 마주하는 의미 있는 순간들이 인생의 나날들이 되어 언젠가는 꿈에 한발 더 다가서 있기를 바란다.

● 나의 버킷리스트 10가지

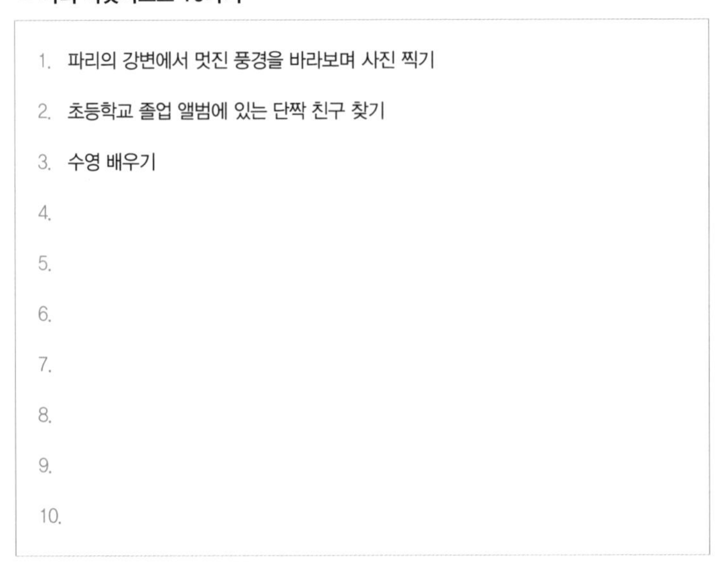

1. 파리의 강변에서 멋진 풍경을 바라보며 사진 찍기
2. 초등학교 졸업 앨범에 있는 단짝 친구 찾기
3. 수영 배우기
4.
5.
6.
7.
8.
9.
10.

● **나의 열정 리스트**

오늘 하루 자유이용권이 주어진다면 가보고 싶은 곳은?

어떤 일을 할 때 행복을 느끼는가?

꼭 만나고 싶은 사람은?

죽기 전에 하지 않으면 후회할 것 같은 일이 있다면?

행복습관 7

긍정적인 마음을 키워주는 감사의 습관

"있는 그대로의 나를 사랑할 수 있어 그것만으로도 감사합니다."
감사하는 눈으로 바라보는 세상은 예전과는 확연히 다르다.

유홍준 교수의 책 『나의 문화유산답사기』에는 이런 구절이 있다. "사랑하면 알게 되고, 알면 보이나니, 그때 보이는 것은 전과 같지 않으리라." 우리의 삶에서도 그런 감동을 느낄 수 있는 방법이 있다. 그것은 바로 '감사하는 습관'을 가지는 것이다.

바쁘고 힘든 일상이라 정신없이 흘려보낼 때가 많지만 우리에게 주어진 삶의 시계는 유한하다. 그저 하루하루 의미 없이 흘려보내기엔 너무 소중하지 않은가!

김난도 교수의 책 『아프니까 청춘이다』에서는 "죽고 싶도록 힘든 오늘 그대 일상이, 그 어느 누군가에게는 간절히 염원한 하루라는 것"을 알자고 말한다. 소소한 일상에서도 '감사할 것이 이렇게 많구나'라는 걸 느끼게 되면 그때 보이는 세상은 정말 예전과 같지 않을 것이며, 내 삶은 이미 빛나는 것들로 가득 차 있다는 걸 느낄 수 있을 것이다.

주어진 오늘 하루를 온전히 사랑하는 법

하루하루를 사랑하고 감사할 수 있는 방법은 무엇일까? 생의 끝에서도 희망을 놓지 않았던 한 사람의 이야기를 들려주고 싶다. 몇 년 전 나는 시한부 선고를 받고 살아가던 김성환 씨를 알게 되었다. 기업 컨설팅 전문가로 승승장구하던 어느 날, 우연히 희귀암을 발견하게 되었고 '길어야 1년'이라는 이야기를 들었다고 한다.

그는 중환자실에서 만난 환우들과의 약속을 지키기 위해 목숨을 걸고 부산에서 서울까지 500km의 도보여행에 도전한 게 화제가 되어 인터뷰를 하게 되었다. 그런데 약속 전 갑작스레 또 쓰러져 약속을 취소해야 했고, 삶의 고비를 넘긴 며칠 후 전화 너머로 힘들게 대화를 나눌 수 있었다.

30대 초반, 교통사고처럼 순식간에 불행이 찾아왔지만 사랑하는 아내를 위해 또 자신을 위해 아픔을 극복해나갔다. 그의 에세이 『사람이 사는 집』에는 절망 속에서도 희망을 찾아나갔던 흔적이 고스란히 남아 있다. '오늘 하루'를 온전히 살아내기 위해 삶을 새로운 시각으로 다시 바라보기 시작했던 덕에 일상의 소소한 기쁨이 주는 행복을 깊게 느낄 수 있었다고 한다.

바쁜 도시에서는 몰랐지만 시골에 내려와 아내와 마주보고 밥을 먹는 일상이 가장 기분이 좋다는 것을 알게 되었다. 자신의 이름을 불러주고 많이 웃어주면서 사랑하는 법도 배웠다고 했다.

"아침이면 거울을 보며 심장에 오른손을 대고 내 이름을 불러본다. '성환아! 난 너를 사랑해.' 이 쑥스러운 의식의 효과는 매우 크다. 일주일만 해봐도 마음이 편해진다.

처음 며칠 동안은 거울을 보며 내 이름을 부를 때마다 많이 울었다. 그동안 바라봐주지 않고 사랑해주지 않은 나에게 미안하고 또 미안했던 것이다. 2달이 넘은 지금은 거울 속의 나를 보며 많이 웃는다. 그러다 보면 어느새 진짜 행복이 찾아온다. 예전에는 미처 알지 못했던 기쁨이다."

지금은 세상을 떠났지만 그는 항암제의 후유증 속에서도 10년을 넘게 살아냈다. 고통 속에서도 자신을 사랑한다는 것이 무엇인지뿐만 아니라 감사할수록 생명력을 지니는 시간의 소중함도 알게 해주었다. 문득 그와 마지막으로 나눴던 대화가 떠올랐다.

"어떻게 버틸 수 있었냐고요? 지금 살아 있음에 감사하면 그 힘이 생깁니다. 어차피 인생에는 빛과 어둠이 있고 행복과 불행은 계속됩니다. 우리가 할 수 있는 일은 그저 감사하는 것뿐입니다. 그러면 기쁨 속에서 더 큰 기쁨을 찾을 수 있고, 불행도 내게 행복을 더 느끼게 해주려 잠시 왔던 것이라는 걸 깨달을 수 있어요. 감사하는 마음으로 바라보면 인생의 모든 순간이 소중하다는 걸 알게 됩니다."

감사할 게
너무 많은 인생

감사를 한다는 건 삶을 긍정한다는 의미다. 감사의 의미를 되새기는 동안, 우리의 생각과 언어도 긍정의 색채로 밝게 칠해지게 된다. 어쩌면 그도 감사의 언어로 그의 삶을 써 내려가며 긍정하면서 더 소중하게 바라보고 싶었던 것은 아닐까?

감사하는 것을 떠올려봐도 무엇이 행복인 것이고 소중한 것인지 명확히 그려지지 않을 때는 글로 적어서 시각화해보자. 구체적으로 무엇을 감사하고 왜 감사하는지를 적어보면서 모호하게 느껴졌던 감사의 실체를 뚜렷하게 알 수 있게 된다.

감사 일기도 그런 장점이 있다. 세계적인 멘토들의 지혜와 통찰을 담은 책 『지금 하지 않으면 언제 하겠는가』의 저자 팀 페리스Tim Ferriss는 한 기업 CEO의 예를 들어 감사를 시작하는 것이 왜 중요한지 설명한다.

"벤은 매일 아침 감사 일기를 쓴다. '감사'를 시각화하게 되면 뇌가 자동으로 감사할 일들을 찾게 되어 행복해지기 때문이다. 감사 일기는 삶을 긍정적인 낙관주의로 이끌어준다. (중략) 낙관주의를 삶에 퍼뜨리지 않으면 우리가 무엇을 잘하고 있는지 알 길이 없다."

의식적으로 감사할 일을 찾다 보면, 감사함을 보려는 쪽으로 시각이 바뀌게 된다는 것이다. 관점을 바꾸지 않으면 감사할 것들로 가득 채워져 있어도 발견하기 힘들다.

당연한 것도 의미 있게 바라보는 연습을 해보자. 감사 일기를 일정한 형식에 맞춰 쓰는 것도 좋지만 '감사'를 통해 삶을 긍정적으로 바라보려는 노력을 해보는 것만으로도 의미가 있다.

좀더 적극적으로는 남편과 아이, 나에게 소소한 일상에서 감사하는 것들을 되뇌어보고, 감사할 대상과 목록 및 이유도 적어보자. 세상을 긍정적으로 바라보기 위한 기분 좋은 시작이 될 수 있다. 남편에게도 감사해보자.

"아이들 키울 때 이래라저래라 잔소리 안 해서 고마워요. 덕분에 즐거운 마음으로 엄마로 성장해나가고 있어요." "얘들아, 학교 다녀오면 늘 안아줘서 고마워. 너희들 덕에 사랑받는 엄마라는 걸 항상 느낄 수 있으니까."

나에게는 어떤 감사의 말을 들려줄까? "있는 그대로의 나를 사랑할 수 있어 그것만으로도 감사합니다. 감사합니다, 감사합니다." 감사하는 눈으로 바라보는 세상은 예전과는 확연히 다르다.

지난 늦가을 하늘을 올려다보니 나를 스쳐지나가는 시원한 바람과 하늘의 푸르름이 너무나도 선명하게 느껴졌다. 생각 없이 지나쳤으면 느끼지 못했을 늦가을의 선물을 감사하는 순간, 세상이 더 아름다워 보였다. 우리 마음속에 있는 지금 이 순간의 행복을 놓치지 말자.

● **나의 일상에 감사하기**

남편에게 (	) 감사합니다.
아이에게 (	) 감사합니다.
나에게 (	) 감사합니다.

■ 독자 여러분의 소중한 원고를 기다립니다

메이트북스는 독자 여러분의 소중한 원고를 기다리고 있습니다. 집필을 끝냈거나 집필중인 원고가 있으신 분은 khg0109@hanmail.net으로 원고의 간단한 기획의도와 개요, 연락처 등과 함께 보내주시면 최대한 빨리 검토한 후에 연락드리겠습니다. 머뭇거리지 마시고 언제라도 메이트북스의 문을 두드리시면 반갑게 맞이하겠습니다.

■ 메이트북스 SNS는 보물창고입니다

메이트북스 홈페이지 www.matebooks.co.kr

책에 대한 칼럼 및 신간정보, 베스트셀러 및 스테디셀러 정보뿐만 아니라 저자의 인터뷰 및 책 소개 동영상을 보실 수 있습니다.

메이트북스 유튜브 bit.ly/2qXrcUb

활발하게 업로드되는 저자의 인터뷰, 책 소개 동영상을 통해 책에서는 접할 수 없었던 입체적인 정보들을 경험하실 수 있습니다.

메이트북스 블로그 blog.naver.com/1n1media

1분 전문가 칼럼, 화제의 책, 화제의 동영상 등 독자 여러분을 위해 다양한 콘텐츠를 매일 올리고 있습니다.

메이트북스 네이버 포스트 post.naver.com/1n1media

도서 내용을 재구성해 만든 블로그형, 카드뉴스형 포스트를 통해 유익하고 통찰력 있는 정보들을 경험하실 수 있습니다.

메이트북스 인스타그램 instagram.com/matebooks2

신간정보와 책 내용을 재구성한 카드뉴스, 동영상이 가득합니다. 각종 도서 이벤트들을 진행하니 많은 참여 바랍니다.

메이트북스 페이스북 facebook.com/matebooks

신간정보와 책 내용을 재구성한 카드뉴스, 동영상이 가득합니다. 팔로우를 하시면 편하게 글들을 받으실 수 있습니다.

STEP 1. 네이버 검색창 옆의 카메라 모양 아이콘을 누르세요. STEP 2. 스마트렌즈를 통해 각 QR코드를 스캔하시면 됩니다.
STEP 3. 팝업창을 누르시면 메이트북스의 SNS가 나옵니다.